公主变成猫

如何激发你的潜意识力量?

[瑞士] 玛丽-路蕙丝·冯·法兰兹 (Marie-Louise von Franz) 著

吴菲菲 译

台海出版社

图书在版编目（CIP）数据

公主变成猫：如何激发你的潜意识力量？／（瑞士）
玛丽－路薏丝·冯·法兰兹著；吴菲菲译 . -- 北京：台
海出版社，2019.12
　　ISBN 978-7-5168-2467-2

Ⅰ . ①公… Ⅱ . ①玛… ②吴… Ⅲ . ①精神分析—通
俗读物 Ⅳ . ① B84-065

中国版本图书馆 CIP 数据核字（2019）第 242485 号

著作权合同登记号　图字：01-2019-6326

The Cat: A Tale of Feminine Redemption
First published by Inner City Books, Toronto, 1999.
Copyright © Scifrung für Jung'sche Psychologie, Küsmacht.

公主变成猫：如何激发你的潜意识力量？

著　　者：〔瑞士〕玛丽－路薏丝·冯·法兰兹（Marie-Louise von Franz）
译　　者：吴菲菲

出 版 人：蔡　旭
责任编辑：刘　峰　　贾凤华

出版发行：台海出版社
地　　址：北京市东城区景山东街 20 号　邮政编码：100009
电　　话：010 — 64041652（发行，邮购）
传　　真：010 — 84045799（总编室）
网　　址：www.taimeng.org.cn/thcbs/default.htm
E - mail：thcbs@126.com

经　　销：全国各地新华书店
印　　刷：天津旭非印刷有限公司
本书如有破损、缺页、装订错误，请与本社联系调换

开　　本：880 毫米 ×1230 毫米　1/32
字　　数：109 千字
印　　张：6.25
版　　次：2019 年 12 月第 1 版
印　　次：2020 年 4 月第 1 次印刷
书　　号：ISBN 978-7-5168-2467-2
定　　价：48.00 元

永恒王子的猫女伴

陈俊霖

亚东纪念医院精神科心理健康中心主任

台湾荣格发展小组成员

台湾心理治疗学会常务理事

很久很久以前，在罗马尼亚流传着一则童话，一位很久未能生育的皇后出航，却因偷吃苹果而亵渎神规，害得所孕育的女儿受到诅咒，长到十七岁后变成一只猫。另一国的老国王则派三个儿子寻找珍宝和娇妻以决定王位的传承，最憨直的小王子遇上猫公主，在猫女的神奇决策下渡过难关，两人的爱与合作终让猫女回复人形。当老国王背德地觊觎猫女媳妇的姿色，王子名正言顺地兴师革了父亲的命，从此两人过着幸福快乐的日子。其中虽不免诸多违反现实逻辑的情节，却仍能让一则则的童话流传许久。

不那么久的从前，在瑞士的湖光山色中，有一位精神科医师荣格（Carl G. Jung），学得当时最先进的精神医学知识，却在获得顶尖专业成就之时，辞去学术宝殿苏黎世大学的教职，离开临床圣堂伯格霍兹里（Burghölzli）精神专科医院的要位，又与探索心灵的巨擘弗洛伊德（Sigmund Freud）息交，1919 年后投入对自己内在心灵的探索之旅，1928 年得到友人卫礼贤（Richard Wilhelm）从遥远的中国转译为德文的《太乙金华宗旨》并为之写序后，有如证印所悟，自此全然地投入开创分析心理学的大业。犹如神话般高潮迭起，读荣格的一生总赞叹他在浮沉后的深邃。

这之后 1933 年的某一天，一位十八岁，出生于慕尼黑，从解体的奥匈帝国归于奥地利籍，而后迁居瑞士的少女玛丽-路薏丝·冯·法兰兹（Marie-Louise von Franz），修习校外见习时，在荣格神秘的城堡"塔楼"中，遇到了时年五十八岁的大师，从此迷上了分析心理学。进入大学后，她热切地用主修的古希腊文和古拉丁文能力，帮荣格翻译古代典籍，换得荣格为她进行分析，也从此让她走进无意识的深沉世界，长年在荣格身旁钻研分析心理学。如果更换一下人物角色和内容元素的话，这跟武侠小说里得习神功的奇妙境遇简直也可以套叠了。

之后冯·法兰兹取得瑞士国籍，并获古典语言学博士学位，更在荣格分析心理学开枝散叶之后，成为以苏黎世为中心的古典学派的代表人物。其中最经典的成就，除了对荣格既有的理论续予诠释之外，更转而把荣格原本在神话领域的集体无意识分析，以童话为材料，发展出更丰富的分析思路。尤其在她结构明确的文笔下，读者容易循着故事的进展一路联想，故事中不孕、航行、渎神到怀孕各情节象征什么；猫象征什么；老国王和小王子又各象征什么；更推而回应欧洲基督文化这个老国王，在面对社会对新灵性探索的过程中面临的困境。通过"扩大法"和"比较法"，冯·法兰兹有条有理地让读者看到童话背后的弦外之音，而此音更呼应到跨民族、跨文化集体无意识的基调和弦中。君不见猫与女性融合在一起的意象，本就多次见于各种故事与创作中，在冯·法兰兹的分析下，猫女成为催化阳性特质完成个体化历程重要的阿尼玛催化剂。在本书中，固然谈到猫公主让小王子一再转化，终至在事业上有如弑父般成为国王；另一方面，若以猫公主为主体，则可以看到另一条脉络的转化，让她从受诅咒遁回野性，经历考验，而重新回复人形，乃至晋位成后。童话与神话中的两面互补，阴阳相成，总能让分析的角度越来越丰富。

回到现实世界，荣格去世后，冯·法兰兹理所当然地成为"苏黎世荣格研究院"（C. G. Jung Institute Zurich）重要的讲师之一，对炼金术（alchemy）、永恒少年（puer aeternus）等主题都极有贡献。或许由于她长年跟随在荣格旁的熏习，当苏黎世荣格圈开始考虑引进其他分析观念时，反而令她觉得极难接受，在二十世纪八十年代，坚决以罢教表达她的立场，并成为之后在 1994 年自旧学院分裂而出的"深度心理学研究与培训中心"（Research and Training Center in Depth Psychology）的重要领导人物。这由该中心的副标题："跟随卡尔·荣格和玛丽 - 路薏丝·冯·法兰兹"可见一斑。或许该说，每个人的心里也都同时有着一部分阳性的慢慢长成英雄的小王子，和一部分阴性的暗中调弄催化的猫女，于是我们对王子和猫女的想象也就既不会停止，又与时俱进。

冯·法兰兹晚年罹患帕金森综合征，行动上多所不便，但她担心若使用药物控制，将会干扰到她所珍视的无意识的运行，因而拒绝药物治疗。1998 年辞世，结束了属于她的这一段传奇。

前言

时下的童话故事研究采用了许多不同角度：文学史、民间故事、民族学、社会学以及最后但同样重要的深层心理学。本书采用的是深层心理学的角度，目的在教人们如何认出原型事件，以及如何站在荣格心理学的立场来处理这类事件。

我要感谢艾莉森·开伯斯（Alison Kappes）女士帮我把研讨会录音带打印成原始誊本。最重要的，我要向薇薇安·麦克罗（Vivienne Mackrell）医师致以最诚挚的感谢；没有她的帮助，这本书是不可能完成的，因为她不仅在校订上，也在许多别的事情上协助了我。

玛丽－路薏丝·冯·法兰兹 *

---

* 译注：本书作者 Marie-Louise von Franz 的先人是德国贵族，其姓氏中的 von 是用来表征贵族身份的功能用词。1919 年成立的魏玛共和国（1919-1933）废除了贵族制度，但仍允许贵族后代在姓氏中保留这用词。因此严格说来，本书作者姓名的中译形式应是玛丽－路薏丝·冯法兰兹。常见翻译"玛丽－路薏丝·冯·法兰兹"易让人误解"冯"字为一般西方人名字常有的中间名（middle name），但为了与已出版之同系列书保持一致，本书仍沿用旧的译法。

| 第一章 |

绪言

因此，对于这类故事，我们尤其不可把自己的心理和经验投射到它们上面，却务必要像观察鱼类或树木的自然科学家，尽可能保持客观。

你可以读遍心理学，但之后你只必须以一件事为重：故事的蕴意是什么？在我的想法外，它还说了什么？这是我们必须练习和学习的重要功课。

在从事心理分析时，你会发现案主常经历意义重大的原型梦境，却不知其重要性。从这种梦境醒来的人有时会深受撼动而无法用语言描述它；他感觉到、也知道某个根本变化发生了，因为具有转化力的情感一举向他涌现了出来。但在其他时候，人们会用十分轻率的口吻述说那些具有重要原型母题（archetypal motif）的梦，丝毫不知这些梦有何不寻常的地方。他们唯一的反应或许就是感到有点不解，但并未感到震撼；他们会笑笑地说："我昨晚做了个怪梦，跟我知道的任何事情都没有关联。"

在这种情况下，如果你不知道那是原型梦境，如果你未察觉它的深层意义，你就会错过一个重要时机，因为——如荣格指出的——原型经验是疗程中唯一的疗愈要素。分析过程所运用的一切技巧，都是为了要帮助案主领悟并迎向原型经验。但原型经验只会来自无意识本身，是我们无从迫使发生的恩典。我们只能等待并做好准备，然后希望它发生，但如果它不发生，你也无可奈何。借由好的辅导或其他协助，你会看到外在生命的状况或许得到些改善，但它未必能得到真正的治疗、真正的帮助。有时，重要的原型经验虽然发生了，却没被人察觉到，例如，有人会带着奇怪笑容说起一个捉摸不定的小梦，当你问他联想到什么的时候，他若不是答说"没有"，就是跟你说起一件他早已知道的事。作为分析师的你，一定要特别留意这类状况。

我们不难发现，许多分析师都没学会如何诱使案主说出正确的联想。许多案主急于得到诠释，而不说出他们联想到什么。他们做了一个梦，然后开口说"喔，那是负面母亲又找上我"一类的话。你必须听而不闻，因为那想法是通过意识表达出来的，有可能正确，但不正确的可能性会高达百分之九十五。一般来说，那是意识的自卫姿态："喔，我非常明白这是怎么一回事！"然后梦就被丢进了垃圾桶。因此你必须说："不，不，且等一下！且盯着它看！不管你在梦里看到什么，它让你联想到什么？"你会发现，就原型梦境而言，如果做梦者并未极度感到惊动，他们一般都不会联想到什么，要不然也仅只联想到寻常或了无意义的事。例如，当你问他们对"火"有何联想时，他们若仅仅答说"燃烧""我目睹过的一场火灾"或其他无谓之事，这就表明原型经验并没有出现。在这种情况下，你必须察知正在发生之事所具有的深层意义和情感重量，然后用某种形式将之转释出来。

因此，在疗程中用神话联想来灌输病人是无益的。你本人有必要认出这些联想，但不可像机关枪一样把它们密集扫射到病人身上。你自己必须认出它们，以便感到惊奇、战栗和撼动，那样你才会知道藉什么适当语言或适当情境来表达你的感受。但这只会发生于刹那之间；你不可能事先得知这个刹那何时会出现，但你能学会如何面对原型事件、如何认出它们及它们的深层意义，以便做好准备而能适时反应。这就是我们必须多练习童话诠释方法的理由。

比起以常人为男女主角的地方英雄传奇（local saga），童话故事较难诠释多了。在英雄传奇中，一个男人在夜晚去到一座损毁的城堡，突然间一条戴着王冠的蛇向他现身并索吻，然后蛇就变成了美丽的少女。经历这事的男人是个跟你我一样的平常人。故事叙述他的反应，例如：他不想亲吻那令人作呕的冷血动物，一边怕得发抖，一边又怀着"啊，这东西毕竟很可怜"的感觉。故事描述了他这时的所有人性反应。

研究英雄传奇的学者麦克斯·吕蒂（Max Lüthi）曾著书讨论童话故事和英雄传奇的差异，对它们做出很清楚的划分[1]。一个具有意识的人经历到无意识灵启经验（numinous experience）的故事可以说就是英雄传奇，而灵启经验——遇见戴着金色王冠的蛇——会被描述得栩栩如生，因为一切神话都会把神祇、鬼魂和魔鬼描述得跟我们一样真实。一个阈限时刻——自我碰到了吓人、不寻常、紧张和充满戏剧张力的某种状况——总会出现在故事中，然后再出现快乐的结局，或失败和危险的威胁，致使英雄必须逃回家中。

我们可以说，这些英雄传奇仍与今日所发生的某些事情十分相似。在未开化社会和农业社会中，人们仍会经历灵启经验。但在所谓的文明生活里，我们用电灯驱赶了黑夜，并自认是经过"光启"的文明人，身心都受到保护而不会再受到这类事情的侵犯。但一旦你住到乡下并在黑夜中长途步行回家，树木发出窸窸窣窣的声音，四周一片漆黑，你又多喝了一两杯，这时候，那类事情依然有可能发生，而且还会照着往昔的方式发生！英雄传奇中与无意识相遇的经历会被描述得栩栩如真，原因就在于此。如果这些经历够紧张和有趣，人们就会再三讲述它们："从前我们村里有个人，他在夜晚往那倾颓的磨坊走过去；走近时，他发现里面有灯火和声响，于是走了进去……"

相反的，照吕蒂的说法，童话故事是抽象概念，其中并没有人之自我遇见无意识世界的情节。从某个角度来看，童话故事可说是想象出来的故事，在其中彼此互动的是想象中的神灵或无意识内的原型意象。英雄传奇却一定含有意识（也就是世界之光）这元素，以及一个去到某处遇见一个或多个原型的英雄。英雄传奇总会提到阈限的跨越，有时也提到跨越后又因恐惧而逃回的情事。

童话故事则必有一个叙述者（一个意识自我），在那讲述原型在无意识中互动共舞的情景。然而，童话故事的主角并不是一个具有人性反应的常人；他遇到恶龙不会感到惊怕，遇到开口对他说话的蛇也不会逃跑。当公主在夜晚出现在他床边并折磨他（或发生其他任何事情）的时候，他也绝不会紧张万状。他若非聪明绝顶，就是笨得可以。在很大程度上，他是一个心理基模（schema），代表勇敢、机智、灵敏以及其他类似的特性。他在故事中无时不有作为，以便将他所象征的特性精彩呈现出来：如果他很勇敢，他会跟任何东西作战；如果他很机智，他会巧妙利用任何状况。可以说，他丝毫不具有感情和思想，只是个基模式的角色。如果我们仔细观察，我们会发现他纯粹是个原型人物。

　　故事中唯一的意识自我是故事叙述者。他有时出现在故事之始，有时在故事之末，但未必出现在所有故事中。在有些国家（如罗马尼亚），说故事的人会以"我曾经……"或"在时间和空间都消失的世界末日，当木板凌乱散落在那七座山丘及那瞎狗背后的世界时，曾经有个国王……"等等传统形式做开场白[2]。叙述者会在每个故事开始前吟诵"在世界末日、当木板遍布世界时……"这类小诗，作为一种"进场仪式"（rite d'entrée），也会在故事结束时进行某种"退场仪式"（rite de sortie），例如"我在婚礼上，我在厨房里，我偷了一些肉和酒，厨师狠狠踢了我一脚，因此我逃到这里来向你们说了刚才的故事。"或者——另举一例——吉卜赛人会说"有个美丽的婚礼在那儿举行，大家快乐地大吃大喝，但我这可怜虫却没有东西可以吃"，然后拿起帽子向围观者收钱，以之作为一种退场仪式。故事叙述者在最初告诉大家"我们现在要进入另一个世界了"，然后在结尾处通常用稍开玩笑的口吻把退场时刻说出来。在进场和退场之间，我们听到发生于另一个世界的事情。因此，对于这类故事，我们尤其不可把自己的心理和经验投射到它们上面，却必须像观察鱼类或树木的自然科学家，尽可能保持客观。

对于一向容易误把自己的想法投射到案主梦境的分析师来讲，学会这么做是非常必要的。当一个看来非常阴柔、还跟妈妈住在一起的未婚年轻男子走进来的时候，如果你立刻下结论说"喔，他是个妈宝"，那就是危险投射的例子。如果他后来做了一个被巨蛇吞吃的梦而你随即认为"他有母亲情结"，那么这根本称不上是诠释，因为实际上你只把你的想法投射到无意识意象而已。如果你有很好的直觉，这想法可能会很正确，但你采取的步骤却很危险，因为无意识或无意识的疗愈过程从来不会以直线方式运作，反而向来都采取了最不可思议的绕路方式。

你或许认为："这人必须跟他母亲保持距离。"但随后他做了一长串梦，促使他愿意改善母子关系。这时你必须够机敏、够客观，好让自己愿意说："这很奇特，一点也不合我的想法，但这是无意识所导往的方向，就让我们跟着前往吧。"只有在你不投射自己的想法时，你才能做到这一点。但无意识最终还是巧妙地转了个大弯，使你发现它原来一路都是朝着年轻人与母亲保持距离的方向走来。它绕了一大圈路，是你不曾意料到的，也是你绝不可能聪明到可自行设计出来的。这就是你必须客观、不立下结论的理由，而童话故事就是最能让你学习这功课的所在。你可以读遍论心理学的文章，但之后你必须只以一件事为重：故事的蕴意是什么？在我的想法外，它还说了什么？这是我们必须练习和学习的重要功课。

我以前有个被负面母亲情结所扰的病人。他做了许多梦，经常陷于沮丧和负面的情绪里。他实际上不是那样的人，但只要阿尼玛一出现，他总是充满了悲观情绪。他会准时来到治疗室并拉长着脸说："无意识又对我发出批评。"我会回答："啊，让我们听听它怎么讲。"然后他会描述一个富含意义的梦，但其中也含有一些负面母题。他挑出那些负面母题，说："你看，它又责备我一无成就、没有方向、走在错误的人生轨道上……"我总必须支开他的话题，对他说："来，让我们从头开始，让我们用客观角度来看看它。在你还没好好看它一眼前，千万不要让你可怕的黑色阿尼玛又把她的黑色颜料倾倒在它上面。"

因此，甚至连病人都可能想利用你的想法来诱你去扭曲原型材料。当然，所谓的客观最终也可能只是近似客观。我们必然会把我们的人格投射到童话故事上，只看得到那些吸引我们的事物，而忽略那些我们习性所不愿容纳的，因此甚至连所谓的客观都非全然客观。但我们至少可试朝一个方向走去：尽可能避用十分粗糙的投射方式。

注释

1　Max Lüthi, *Volksmärchen und Volkssagen,* 2nd edition（Bern: Francke, 1966）.

2　译注：罗马古城建立在七座山丘上，被称为七山之城［City of Seven Hills（Mountains）］。描述世界末日的新约圣经《启示录》将罗马比喻为一个败德淫乱的女子，迷惑及掌控了世界诸王（七座山丘为其比喻）。瞎狗之典故可能与旧约圣经《以赛亚书》五十六章第十节有关："我的守望者都是瞎眼的，都没有知识；他们都是哑巴狗，不能吠；只会做梦、躺卧，贪爱睡觉。"（His watchmen are blind: they are all ignorant, they are all dumb dogs, they cannot bark; sleeping, lying down, loving to slumber. 此段经文分别引自中文圣经繁体新译本及 King James 版英译圣经）。先知以赛亚指责以色列人的众领袖正盲目将以色列人带往灭亡之路。

| 第二章 |

猫的故事

女性酒鬼的问题多与男人有关，但男性酒鬼则多与他们的阿尼玛有关。他们跟自己的爱欲失和、跟阴性本质失和；他们的阿尼玛有某些部分无法发挥正常功能。

一般来讲，任何溺瘾都可说是一种对宗教狂喜经验的渴望。正由于生活太令人沮丧、太无聊、太沉闷，工作没有意义，家庭生活冷冰冰而无感情，人会就此对某种狂喜兴奋生出无比渴望。

我在这里选择了罗马尼亚的故事《猫》[1]，希望让你多少了解：当我们客观注视原型母题时，我们能从它们那里对个人心理获得什么样的了解。

从前有个皇帝，他有很多、很多钱，多到他不知道该怎么花，但他却因为没有孩子而觉得不快乐。因此他对妻子说："亲爱的妻子，你知道我们为什么不快乐。"她答道："亲爱的丈夫，让我独处一下，我想乘着马车到外面走一走。"他说："等等，我要为你建造一艘船。"于是他下令建造了一艘世上最美丽的船——人们宁可直视太阳，也不愿直视这船，以免眼睛被它的美丽给刺瞎了。在船可以下水的那天，他对妻子说："亲爱的，船已经可以使用了，你明天就启程吧。"但他接着说："如果你回来时没有怀孕，就不可再留在我身边，也不可再出现在我面前。"

于是她乘着船启程了，只带着两个侍女跟她一起航向漫漫长路，在长达两个月的航程中不曾遇到任何人。有一天，浓雾继一场撼动船只的暴风雨后席卷而至。隔天早上，在浓雾和暴风雨都消失得无影无踪后，醒来的皇后发现，有座巨大的宫殿正升起于远方的海面上。皇后向走上甲板的两个侍女指着那巨大建筑物："看那个大宫殿！"由于船上已经没有多少食物，她们于是把船停在宫殿旁，从宫殿中随即走出了两个仆人。皇后问他们："谁住在这儿？"他们说是上帝的母亲。一听到这，皇后的两个侍女就不敢踏进宫殿的庭院。

皇后只好单独走进去，然后看到一株长着金苹果的苹果树。她突然很想摘颗苹果吃，于是对两个侍女说："如果你们不帮我偷摘一颗这树上的苹果，我会饿死的。"侍女试图靠近苹果树，但树的守卫不让她们靠近，皇后因此病得奄奄一息。等到守卫睡着后，两个侍女迅速走到苹果树旁偷了一颗苹果，然后飞奔拿去给皇后吃。喏，你看，在皇后狼吞虎咽吃下苹果后，她开始呕吐起来，并突然觉得自己似乎已经怀了六个月的身孕。她喜出望外地说："我们立刻回家吧，因为现在我最深的愿望已经实现了。"但上帝的母亲正好在那时起床，并发现树上最美丽的那颗苹果不见了。她问："是谁从我的树上偷摘了一颗苹果？"接着她发出诅咒："如果由这颗苹果生出的是一个女儿，她将会跟太阳一样美丽；人们盯着太阳不会变瞎，但他们将无法凝视她。她在十七岁时将会变成一只猫——上帝必会让这事成真的！她和她宫里所有的人都会受到诅咒，直到某个皇子前来割掉这猫的头。也只有在那时候，所有的人才能回复人形。在那之前，少女必须一直是一只猫。"

当怀孕的皇后返家时，她的丈夫高兴极了。在生产之日，她生了一个十分美丽的小女孩，美得让众人都欣喜若狂。你可以注视太阳而不变瞎，但你如果注视这少女，她的美丽会刺瞎你的双眼。她一天内的成长速度就等于正常小孩一年的成长速度。时间飞逝，一转眼她十七岁了。有一天，当她正和父亲吃午餐时，她突然变成了猫，并和宫内所有的仆人一起消失了。

然后，远方有个国家，它的皇帝有三个儿子。死了妻子的皇帝早就开始酗酒。由于想打发走自己的儿子，他把他们都叫到跟前，对他们说："我命令你们完成几样事情。你们当中谁有能力，谁就得为我找到一块细亚麻布，细薄到可让人把一口空气吹透过去并把它穿过针眼。你们每个人都得给我带回一样礼物，好让我看看谁是最伟大的英雄。"于是三个儿子就照父亲的意愿出发了。他们首先去到森林中的一座大城堡，在那里欢庆一番来纪念离家远行，因为这是他们相聚的最后一天。他们庆祝了三天三夜，然后就彼此分道扬镳了。

老大选择了一条会使他挨饿的路，因为一路上都将不会有可吃的食物。他的马是他唯一的伴侣，而他一路上仅遇见一条美丽的小狗。他离开了两个月。

老二选择了一条让他有食物可吃的路，但他的马将没东西可以吃。骑行了两个月后，他只找到一小块粗亚麻布，粗到必须在针眼中被来回拉上一千次，才可能穿过针眼。

老三穿越了一座黑暗的大森林。当他穿越一半时，大雨倾盆而下，雨势大到让他看不见自己的手指。"老天啊，我会死在这里，我真不知哪个方向可以让我逃出这一切。"大雨不停地下了三天三夜，四周尽是一片漆黑。然后，你瞧，一道闪电在第三天早晨霹雳而下！就在光亮的闪电中，他发现眼前竟然有座宫殿。"啊，上帝，我万分感谢你！我这一路上从没遇到半个人，也没遇到任何一个可让我栖身避雨的房子。我已经走不动了，现在我无论如何要立刻走进那宫殿，不管在那会碰到什么。"但那宫殿的门紧闭着，宫殿四周的高墙也高至云霄。他在孤独无助中说：

　　　公主变成猫：如何激发你的潜意识力量？

"我就要饿死了。"但没人听见他说话。当他抬眼往门望去时，他大吃了一惊，因为门上悬挂了一块肉。他想："我一定要拿到那块肉，我饿昏了，我已经一个月没吃东西了。"但那块肉实际上根本不是肉，而是用宝石做成的肉形东西。年轻英雄使尽一切力气想爬上墙。一番辛苦努力后，他终于爬到了墙顶，一只脚紧紧被他心目中的那块肉勾住而无法解开。

但就在他稍微从惊吓中回神时，他听见一声钟响，随后在恐惧中跌落到地面上。他一掉到地面，门就开了，但他没看到什么人，只看到一只开门的手。他边走入庭院，边说："不管会发生什么事，我现在就是要进去！"但无论怎么左顾右盼，他就是看不到半个人。他走进宫殿，看到一个房间里有一张桌子、一根蜡烛和一张床。他说："啊，我要进去那里休息一下，因为我全身都被大雨淋湿了。"正当他打算坐在床上时，十只手伸出来抓住他的身体，然后痛殴他并扯掉他身上所有的衣服。他不知道这些手是从哪里冒出来的，也没有看到任何人，只看到手。在绝望中，他大叫："啊，上帝，谁在这么使劲打我？"喏！就在他全身衣服都被扯光之际，每只手都停了下来，不再打他，然后他突然看到一盘食物和一叠衣物摆在他面前。饿坏的他扑向食物，狼吞虎咽到他感觉饱了为止。

现在他感觉好多了，也忘了之前的挨揍。第二天他走进另一个房间，希望避开他所害怕的痛殴，但前日所发生的事又照样发生了一次。手又出现了，再度把他身上的衣服扯下来，然后他也再一次获得食物和新衣服。第三天，皇后命令她的一只猫把年轻英雄带到处处饰金的谒见厅，厅内所有东西都是用纯金打造的。十只手又出现了，这次为他拿来纯金做成的王袍。它们把王袍套在年轻英雄的身上并带他走进谒见厅。走进时，他这才看到厅内有一百只唱歌和弹奏着美妙音乐的猫。之后他被带去坐到纯金打造的王座上。当他正对自己说"不知谁是这里的统治者"时，他发现自己面前有一只躺在金色篮子里的美丽小猫。

猫国女皇尽情款待年轻的英雄。近午夜时，当宴飨正要结束之际，她从篮子起身说："我从此不再是你们的女主人，这年轻人将是你们的主人。"猫们全向他走过来，亲吻他的手，并大喊："主人万岁！"舞会结束了，大家都回家了，猫国女皇拉起年轻英雄的手，拥抱他，并把他带到她的卧房，在那问他："亲爱的英雄，你为什么会来到我的皇宫？"他答道："亲爱的猫，上帝把人带领到不同的道路上。我父亲派我寻找细亚麻布，细薄到让人可把一口空气吹透过去，也可让人把它穿过针眼。这就是我上路寻找的东西。"

他的两个哥哥已经回家了。他们三人曾发誓要出外一年并互相等候，但两个哥哥在弟弟久久不出现后就回家了。老大带回了他在路上遇到的那条小狗，他父亲为此觉得很开心。

老二带回一块可以穿过大针眼的粗麻布。当父亲问他可知弟弟的行踪时，他答道："父亲，自从我们分手后，我就再也没有看到他；他很可能选择了一条不归路。"他父亲因此认为小儿子已经死了，便痛哭了起来。

事实上，最小的弟弟仍跟猫女皇同住在一起。有一天，她问："亲爱的，你不想回家吗？你跟你哥哥们约定碰头的日子已经过了。""不，不，我不要回去。我回家能做什么？我在那早就没什么可留恋的东西了，这里是我的家，我要留在这里，直到我死。"猫说："不行，你不可以。如果你想留在这里，你就必须先回家，带回你对你父亲允诺的东西。"年轻英雄问："但我能在哪里找到这种用细线织成的细亚麻布？"猫告诉他不用担心，而且那是他最不用担心的事情，因此他不用想太多。英雄问："告诉我，亲爱的猫，跟你相处的三天等于别地方的一年，是真的吗？""是的，甚至更久；你离家已经九年了。"年轻英雄无法相信自己的耳朵，惊愕地问："怎么可能，我离开两个哥哥已经九年了？而且，如果要花九年时间才能回家，我又为什么要回去？"猫对他说："把墙上挂着的那条鞭子——那条火鞭——拿给我！"她拿着鞭子，朝三个方向挥打，喏，一辆四轮闪电马车随即出现了！

他们上了马车，然后在英雄朝三个方向挥鞭后，有个喊声命令马车下降，马车立刻就从天空降下。猫问英雄："你准备好了吗？"他答："我准备好了。""那么，把这颗坚果带回家，但在你到家之前不要打开它。你只能在你父亲面前把它敲开，然后把他要的细亚麻布给他。"

当冒着火光的马车从天而降的时候，他的哥哥和父亲都吓坏了，还以为最后审判日已经降临这世界。他又见到了他父亲和那两个因他回来而闷闷不乐的哥哥。他父亲问他："儿子，你有没有带回我要的东西？""有的，父亲，我带来了。"在说话之际，他就敲开了坚果——看呐，坚果内有粒玉米！但当他剥开玉米粒并发现里面是颗麦粒时，他开始动怒起来，认为猫可耻地背叛了他。他大声说："那猫该下地狱，她欺骗了我！"这话才出口，他便觉得有猫爪抓他的手，再仔细一看，他发现手上全是血。他剥开麦粒，发现里面有粒路旁常见之野草的种子。当他剥开种子时，看呐，一百米长又细又薄的亚麻布从那里延伸了出来！"我向您鞠躬致敬，父亲，我完成了我的任务。"他父亲说："做得好，儿子！你必会长寿，你有资格戴上皇冠，你必须取代我成为皇帝。"但年轻英雄回答："不，父亲，我已拥有足够的财富，也已拥有一个我可以长住的帝国，我要回到那里去。"但他父亲对他说："不，你不可以回到那里。首先，你们每个人都得娶个妻子。我必须掌控你们娶回来的女人。你们当中如果有谁带回我认为最美丽的女孩，他就可取代我成为皇帝。"两个哥哥答说没问题后就出发去找未来的妻子，但最小的弟弟却乘上火马车回到猫那里。

当他抵达时，猫问他："告诉我，你做了什么？"他答说，他把细亚麻布献给了父亲，而父亲想把统治者的皇冠交给他，但他答称自己不需要而拒绝了。现在他们兄弟的任务是寻找妻子，最美丽的妻子将成为皇后。猫仔细聆听而不发一言。年轻英雄跟她又同住了一个月，但她不曾再提到这件事。然后某天她说："你不想再回家一趟吗？""喔，我为什么要回去？我没有这么做的理由。"

时光冉冉，他们开始爱上了对方。有天皇帝的小儿子问猫："你为什么是猫？"她说："现在还不要问我，改天再问我。我不喜欢生活在这里，让我们一起到你父亲那里去吧。"她又拿起鞭子，英雄便急忙走到她身旁。她再次朝三个方向挥打鞭子，然后火马车就出现了。他再度回到父亲那里；他的哥哥们已经先他抵达，并因看到弟弟只身前来、没带回一个妻子而感到高兴。

他父亲看见他这种情形，立刻就说："你没找到妻子吗？你还没结婚吗？你妻子在哪里？"皇帝的小儿子指着猫说："她在这里！就是这只猫！"猫坐在金篮子里。"天啊，猫可以给你什么？你甚至无法跟它对话！"听到这话的猫十分愤怒，从篮子里跳了出来，然后走进另一个房间，在那翻了个跟斗，变成一个美丽的少女，美得让人宁可注视太阳，也不敢因为注视她而变成瞎子。

走回原先的房间后，她走去拥抱皇帝的小儿子，而他的父亲和哥哥们全都露出一副目瞪口呆的模样。

他父亲因这少女如此美丽而十分开心，便对儿子说："你的的确确娶了个最美丽的妻子，你一定要做我的继承者，来统治整个帝国。"但少女无法长保她的人形；正当英雄对他父亲说"不，父亲，那行不通，我已拥有帝国和皇冠，因此把它们赐给我的长兄吧"这些话时，猫翻了个跟斗，回复成了猫形，然后躺在她金色的篮子里。

于是皇帝摘下皇冠，把它戴在长子的头上。年轻英雄再度离开了父亲，这次带着猫离开。然而他有些不高兴，因为她没能长久维持美丽少女的形状。"亲爱的，我将会向你解释我不能的原因；我受过诅咒。"于是他们回到她的帝国，照着以往的方式继续生活。

有一天年轻英雄打猎去了，猫趁机磨锐了三把亚坦[2]。他打猎回来后，他们一起坐下来吃饭，吃完饭后便到卧房去谈心。没多久，猫开始假装身体不适。他问："亲爱的，你怎么了？""啊，我生了重病。如果你爱我并愿意帮助我，请割断我的尾巴！它太大太重，我再也没力气拖着它了。"年轻英雄大加反对说："不，我宁可自己先死，你不可以死！我有药膏可以治疗你。"但由于她更加坚持、再三要求他必须割断她的尾巴，他终于一刀剁断了她的尾巴。看啊，发生了什么事？她变成了半个少女！到臀部为止她是少女，但她另一半身体仍是猫。

英雄看到这状况时很高兴，但猫仍不停要求他，使得他心烦意乱。她说她对自己的一生感到厌倦、不想活了。"请你割掉我的头！你可以拿走你看到的任何东西，包括我整个帝国。""你怎能要求我割掉你的头？""如果你爱我并想帮助我，割掉我的头吧！"他再也禁不住她的哀求和烦闹，于是拿起另一把亚坦，割掉了她的头。看啊！就在那一刻，猫变成了美丽的少女，宫里所有的猫都变回了人形，整座城池也恢复了往昔的荣景，而群众莫不高喊："女皇万岁！"皇帝的儿子把美丽的少女揽入怀中并亲吻她。她对他说："从此你就是我的丈夫了。我之前一直活在上帝之母的诅咒下，除非我能遇到一个愿把我的头割下来的皇子。你就是那个人，现在我们一起到你父亲那里去吧。但你要提防你的哥哥们，因为他们想杀害你。"

当他们跟他父亲重逢时，后者喜形于外。他开始越来越想占有自己的儿媳妇。为了杀掉儿子，他有一天对他说："你去打猎吧，我想吃鹿肉。"当美丽的女子落单后，皇帝往她的房间走去，但路上有只猫从他面前穿越而过。他要求儿媳妇爱他时，她伸手打了他

公主变成猫：如何激发你的潜意识力量？

两记耳光并大喊："你把我当成什么？你这老色魔！"

她在丈夫回来后把他父亲所做的事告诉他，并说："我们必须立刻离开这里，我们回家吧。"儿子对父亲装出友善的模样，而且表现得仿佛妻子不曾对他说过什么。但他父亲用威胁的口吻对他说："如果你不让我拥有你的妻子，我要用绞刑处死你。""如果我必须在傍晚前被处死，你要知道，我妻子是绝不会让我死的。"于是他父亲下令把他和他的妻子一起关进牢里。一听到这消息，他们两人就立刻逃走，但英雄在远处仍不忘对父亲喊说："父亲，你必须知道，我妻子很快就会惩罚你！"回到自己的王国后，为了报仇，他们号召了大军对他父亲宣战。老皇帝能怎么做？是好是坏，他都得跟猫国的皇帝作战。

他在三天内也召集了军队，但儿子打败了父亲并摧毁了他的大军，只剩下他还活着。惨败且筋疲力尽的老皇帝对儿子说："请原谅我，亲爱的儿子！我一辈子都没做过坏事，请公正审判我，然后你可以公正地统治我的帝国。"

我从哪里来？我已经告诉过你们。

让我们首先看一下原型的共舞方式。一方面你看到不孕无子的皇帝和皇后，另一方面你看到一个生了三个儿子的皇帝。死了妻子的他开始酗酒，而他的小儿子最终娶了一只猫为妻，但我们再也没听说猫父母的下落如何。最后，英雄打败了酗酒的皇帝，后者在全军覆亡后请求赦免。我们可以假定英雄回复了一句"滚到地狱去吧！"而没有杀他，然后长子成了皇帝，但整个国家的命运最终如何，没有人知道。它与猫的帝国合并了吗，还是落入有继承权之长子的手中？第二个儿子也下落不明。整个故事情节都让人觉得不怎么满意，最后我们只看到英雄和猫住在猫的皇宫内。"婚合"（coniunctio）因此成了整体情节最终前往的重要母题。

我们在童话故事中常会看到不少面临崭新命运的国家：某个荒芜的国家经历了重生，或某个全是女人的国家和某个全是男人的国家合并成了一个新国家。我们一般可以看出这些国家分别代表了什么意义，以及它们将会有什么样的命运。但在这里，我们面对了一个非典型的童话故事，不知这些国家最后会发生什么事。在故事结尾，我们看到某种幸福满溢的二元一体存在于猫国（一个崭新的帝国）中 [3]，而另一个帝国则似完全消失在我们的眼帘之外。

我们必须首先讨论皇帝和皇后指什么、两个帝国所代表的意义、它们必须做什么、以及问题何在——为什么故事进行的方式这么奇怪。

直到第一次世界大战结束前，罗马尼亚都隶属于哈布斯堡帝国（Habsburg Empire），也就是奥匈帝国（Austro-Hungarian Empire）。罗马尼亚童话故事总会提到皇帝，而不会提到国王；在其故事概念中，国王就是皇帝，因此故事总称国王为皇帝。我们可以简单地用一般童话故事中的国王来取代皇帝一词，因为只有罗马尼亚人才会特别使用后一名词。我们有两个帝国：一是阴性不孕的帝国，一是阴性消殒的帝国。

让我们仔细探讨一下国王或皇帝的象征意义。荣格曾简要说明过国王所代表的意义，尤其是古埃及国王和炼金术中的国王[4]，而相同的意义只会在某些独特的部落或君主国度中呈现出来。如果你想先读较简单和较原始的资料，弗雷泽（J.G.Frazer）的《金枝》（*The Golden Bough*）是很好的读本，其中收集了许多故事，探讨原始部落首领（或国王）的神圣角色及神奇意义[5]。在某些部落里，他不可碰触地面，总是被人抬起，以免碰到地面而被玷污。在其他部落里，他用餐后，所有东西（包括他用过的盘子）都得被捣毁，以免被人使用而遭到亵渎。他或拥有特别的食物和衣物，或必须遵守特殊禁忌或其他。

首领的福祉、心理功能和体能（例如，许多部落会强调他的性能力）是部落福祉的保障。因此，如果首领违反了禁忌、生了病或言行不当，那会为整个部落带来厄运。他是部落中唯一的独立个体，是部落的生命核心。在某些部落里，他一旦生了病就会被铲除掉——通常会成为献祭中的祭品并被他人取代。在其他部落里，首领是选出来的，只做一任，在一年、五年或十年后被杀献祭。这些首领在被选为首领时就知道自己有一天会被杀掉。他的牺牲方式有时十分残酷，不是被闷死在密不透气的特制茅屋内，就是被饿死，或以其他方式被杀而成为祭品。

　　很明显的，首领代表了我们在心理学上称为"自性"（Self）的那个观念，代表个人生命或集体心灵的核心。他象征自性——古埃及的国王就是如此。你也可以在李约瑟（J. Needham）[6]和葛兰言（Marcel Granet）[7]的著作中找到美丽的故事，发现中国皇帝也扮演了同样的角色，而且远具更多精神意含。对帝国的命运来讲，中国皇帝的性能力和健康并不那么重要；重要的是他能否与"道"同行。如果皇帝偏离了道性、做出不对之事或内心失衡，古中国人便认为整个帝国也与之一同陷入了混乱状态。旱灾、长江泛滥等等重大灾难发生时，皇帝必然会先自省，以察看自己的内心是否失序，然后藉斋戒悔罪来祈求国家恢复平安。

中国版本的皇帝最让人瞩目之处，是他的意义全属心理层次。皇帝是否身体健康和是否有所作为都不重要；在物质世界里，他没有什么责任和义务。他无须治理国家、下令或做任何事。他必须寡言守矩，必须尽量少说话而多关注自己内心的平衡和谐。在这层意义上，他更像兼具祭司身份的国王或皇帝，因为他和道之间的密切关系是用来保障国泰民安的主要因素。在这一点上，你可以清楚看到他就是自性的象征。

我们在世界各地都可发现国王／皇帝到一定时间必须被献祭或被放逐的母题。古埃及的这情况要到王朝时代的晚期才变得较为人道；代表太阳神的国王自此不用再成为祭品，但必须每五年经历一次"兽尾庆典"（Sed Festival），在庆典中象征性地成为祭品并复活。庆典仪式上会有人念诵"你获得重生，你复活了，你再度成为年轻的国王"这类的话，因此国王献祭变成了心理死亡和心理重生的仪式，而不需再实际杀死国王。然而，君王必须实际被杀或去位，或必须经历重生仪式——这类主题遍布于世界各地；无论是在最简单原始的记载中，或在中国和埃及这两个复杂的文明社会里，我们都可见到它们的存在。

正如荣格解释过的，这类主题告诉我们：自性的种种象征、它的种种集体象征都会式微；所有宗教、信念和真理都会老化。因此，所有曾被人广为谈论或曾主宰过人世的事物，都会随时间失去力量、成为固定的传统而为人熟稔、最终成为意识所拥有的东西——因为人们向来认为"熟悉之后，就拥有了"。这想法对最崇高的价值会产生最大的影响；次要价值虽也随时间变得为人所熟悉，但还不致引起大碍。如果最高价值式微了，如果它们可以震撼人心的灵启性质不见了，重大危险自然会随之产生。这便是——举例来说——遵守禁忌的人最后都会仅仅固守形式、却不知禁忌之蕴意的原因。禁忌背后的神话无法再感动人："啊，又是那老掉牙的无聊故事！我已经听了二十遍，又怎样？"这种反应来自人类意识的一个负面面向，也就是人对司空见惯的事情会变得无动于衷，并自信已经掌握了真理。然而，如果你握有真理、但真理却不能拥有你，这种倒置岂不错得离谱？这是人类意识的一个缺点，但当然也与人世不断变化的事实有关。这就是为什么在人类心理层次上，王国和君王都需要更新的原因。

外在原因也通常会导致更新之必要。集体的生活方式、部落或一整个帝国必须遵守的规范都会改变；现代化会发生，具有不同观点的外来影响力也会出现。举例来说，今天的西方世界深受东方灵性思想的影响，但东方世界反而十分钦羡西方的工业发展。在这种时刻，东西方都需要重新调整自己，不能再走老路。整个宇宙都改变了，因而社会需要用新的真理来回应它。因此外在原因也促使王国和其统治者老化，而这老化连带影响到他们所象征的宗教真理——这真理向来都是以某种政治思维、某种法律思维、某些社会习俗和偏见为前提和基础。每个伟大文明都是由个体组成，然后所有个体必须藉单一精神统合起来，而这单一精神就是君王。但腐朽会发生，这就是许多童话故事都会有好几个王国存在的原因。

有两个王国出现在我们的童话故事中：猫女的王国和酗酒父亲的王国。格林童话故事《金鸟》甚至有四个王国[8]，其中的英雄从一个王国前往另一个，最后统一了它们。我们先要问的是：几个王国一起存在代表了什么意义？这情况之所以发生，唯一的原因就是王国出现了问题。一个王国只有女儿，另一个只有儿子；它们共同的出发点都在寻求婚合，因为两个王国都不完整。大致说来，一个王国的特质可以和另一王国的特质互补，但这也就勾勒出一个文明已告分裂的实情；它具有统一作用的精神原则——荣格称之为"集体意识之主宰"（the dominant of collective consciousness）[9]——已经分裂成了不相结合的部分。

例如，基督是两千年来西方文化之集体意识的主宰。这文化的多数统治者都是基督教文明的代表者，必须确保他们的帝国或王国遵守基督教规范，甚至他们本身就代表了这套规范。不幸的是，中古世纪的欧洲君主们和教皇互相兴战，导致政教相争（Sacerdotium versus Imperium），似乎直到今天都还未确定胜负。他们争的是谁地位较高、谁有权或无权封任君王。但这只算是特殊状况。

如今，当基督教王国确实已失去活力、亟需献祭和更新之时，我们发现它也正在崩裂当中。也就是说，宗教精神已不再能管辖许多生活领域了，因为这些领域已变成了纯粹的专业领域。例如，我们的法律虽大致上仍以基督教观念为基础，但连这也正在改变。人们现在想用非源于基督教的公义观念、也就是较现代及较开明的公义观念来取代某些基督教公义原则。教育已几乎全然不受基督教控制，只有私立学校还会在上课前举行祈祷之类的仪式。在我们的公立学校中，这已毫无可能，因为学生的宗教和文化背景已经多元化。

这说明了集体生活的某些领域为何不再属于帝国。小帝国建立在大帝国内，无处不出现次帝国（sub-empire）。这危险情势意谓自性的主要象征出了问题，也就是这文明的核心宗教观念出了问题，因为这些观念已不再能够统合一切。自性的象征具有"统合为一"的意义；君王或皇帝所代表的就是"统一"这观念。在某种程度上，我们仍可在名为联合王国（United Kingdom）的英国看到这点：英联邦的成员虽各自独立，但国王或女王这个象征仍可把它们统合在一起，使它们象征性地合而为一，纵使它们各具主权并绝不可能向英国国会屈服。成员国所臣服的是具有象征意义的国王和女王。象征之所以重要，是因为它代表了某种超越政治权益和谋算的事物，代表了自性的原型观念和自性的合整。这让我连带想起一个非常有趣的现象：瑞士病人在接受梦境分析时，他们常梦到英国女王！无意识不惜一切渴望象征，竟至借用了他国的女王。这正充分证明了象征对人心具有无比重要性。

因此，我们故事中的两个帝国把集体生命的分裂呈现了出来。我们现在要讨论它们各自的特征：一个没有子女，一个没有妻子。让我们先讨论那个没有子女的帝国。

经常，在英雄小孩（hero child）出生前[10]，王后会有段时间无法生育或难以怀孕。成百上千个童话故事都是这样开始的，例如：在奥地利童话故事《黑公主》（*The Black Princess*）中[11]，国王和王后膝下无子，于是王后便过桥去向基督的雕像祈祷。但她认为这还不够，因而一边想着"喔，那又怎样"，一边随即对着魔鬼雕像也祈祷起来，然后马上怀了孕。但小孩后来受到诅咒，跟我们的故事非常相似。十六岁时，公主突然说："父亲，母亲，我一直说话至今，但我今后将不再开口说话，请把我装在棺材中并埋在大教堂里。"然后她变成了大教堂内的黑色魔鬼。她的棺材由守卫看守着，但每晚她都会猛烈攻击他们，直到某个的英雄来此把她从这可怕状态中救出来为止。这个故事也以双亲长期无子为主题，而黑公主的教父就是魔鬼。

挪威也有一个讲王后无法生子的童话故事[12]。一个有智慧的老女人告诉王后：把沐浴后的脏水倒在床下，隔天当一朵暗色花朵和一朵淡色花朵从那里长出来的时候，王后只可吃淡色的那朵。但王后很贪心，把两朵花都吃下了肚，后来她当然生出了两个小孩，一个白皮肤，一个黑皮肤。

如果童话故事一开始就说王后不能生育，它的情节必会导向某个英雄小孩的诞生。在心理学上，这代表什么意义？为什么在英雄小孩诞生前，不孕期会那么长？

通常，一个人会先经历一段沮丧、空虚、生命死寂的时期；这时期越长，在无意识内累积起来的能量就越强。从某方面来讲，意识中的这个死寂感是重大事件能够发生的必要条件。例如，我在写作时常注意到一件事：如果我认为"喔，这很有趣"并马上动笔，我往往就只会写出肤浅的废话；但如果我一开始就很沮丧并久久写不出东西，如果这时间拖得越长，我最终反而可以写出较好的文字来。结果，只要在动笔前不曾觉得沮丧，我就会怀疑自己的作品没有价值、认为它并非真正出自我的五脏六腑。要寻见美好之事，你必须先消沉一段很长的时间，而这消沉会以沮丧或生命死寂的形式发生。你继续生活着，每天按时吃早餐和上班、没做什么有趣的梦、一派沉闷无聊、一片荒芜、什么事都没有发生。

我曾经经历过这样一段时间，并在失去耐性中对自己说："完了，我正慢慢老朽，我没希望了。"随后在一个梦里，我看到泥土中有道裂痕，上面站着一个解释、一个非常科学的解释，在那说明泉水是怎么形成的。草、泥土、地面、坚硬的黏土依次出现，然后偌大雨滴掉落下来，接着有人解释雨水如何穿过这里而聚集在那里，久而久之便涌现出一道泉水。这就是梦中的解释。我想："啊，我现在知道我为什么要等雨了。"这经验之所以十分奇妙，就是因为我在上床时曾对无意识说："我没有梦，生活死寂乏味，请赐给我一个梦，好让它解释我的情况。"

另有一次，我梦见自己走进有人正在调度车厢的火车总站。一个戴着红色无边帽的男人正要下去把两个车厢挂在一起，然后他走出来笑着对我说："要让一篇新的文章驶出车站，我们总需要花上许多时间。"这梦告诉我，无意识不可能时时有求必应；它仿佛不断在聚集和平衡它内部的各种能量，因而它的成果总需要经过漫长过程才得以显现出来。

如果你把心灵假想成一个能自行调节的系统，那么它的种种能量似都必须先汇集于适当位置，然后全新之事才有可能发生。

我们童话故事里的皇后非常不快乐。她想去散步，但皇帝反对，反要求她上船。他说："如果你回来时没有怀孕，就不可再留在我身边。"

他们的婚姻显然出了问题。我猜她闷得发慌，否则她会留在他身边的。他对她也非常不满，才会说出她如果没有怀孕、就不要回来的话。因此我们发现，皇帝和皇后（阳性本质与阴性本质）虽然没有直接大打一架，但他们的婚姻并不和谐。这也说明了不孕的原因；他们似乎处于休战状态，彼此相敬如宾，但两人之间没有真正的爱欲（Eros），使得不孕问题更加严重。然后情节出现了这类故事很少见的一个转折：她想去散步。通常她应该坐在皇宫里，在那等待前来给她提供建议的一只青蛙、一个有智慧的老女人，或任何突然现身的一个什么东西。她想离开皇宫去闲逛，这可是很不寻常或很不正常的一个母题。因此我们必须问：阴性本质出了什么问题？皇后似乎受到很多拘束，代表了阴性本质在这王国里无法四处正常行动，以致变得焦躁不安。她想乘马车，但皇帝说："不行，我会为你造一艘船。"

让我们现在转头去看看另一个王国的最初情况：有三

个儿子的皇帝因妻子死了而成为酒鬼。这元素显示了什么问题？我们可以假定这些元素全属于罗马尼亚的基督教文明，但我们不知道是哪个年代。（我认为，这故事并不古老，很可能出自十四、十五世纪。）这第二帝国的阴性本质已经死了，因而我们可以想一想：阴性本质消亡的文明会是什么样子？

如果我们去造访一下全由男人组成的团体——如共济会（Freemasons）或军队——我们便知男人的世界是什么样子。举例来说，尊卑阶级很容易出现在男校里，而且往往跟理性知识有关。在军队里，阶级跟知识没多大关系，而是通过客观准则来决定；军人个人并不重要，重要的是人人必须恪守军规，而这正是军中男人最感自豪的一点。女人比较主观；如果她们喜欢一个男人，她们会设法让这男人逃过规范的约束。但如果她们不喜欢那个男人，就没人能够摇撼那规范。往往，只要男人长了张讨喜的脸孔，女人就不会把规范用在这个男人身上。女人的世界通常富有弹性，男人的世界却较僵化、很难变通。

在霍梅尼（Ruhollah Khomeini）[13]统治伊朗的时代，我们看到他所重建的、纯由男性主导的世界造成了什么后果。两种世界各有优缺点；我们只需看看女人群居的所在——女校、修女院、尽是女护士的医院——就可得知女人世界的缺点。在瑞士，我们有一个绰号叫"猴偶盒"（ape box）的女校；校内没有阶级，也没有攻击和打架事件，但学生们会钩心斗角、咬耳朵说坏话、用蜘蛛恶作剧吓人、高兴忘形地交换情书一读等等。权力竞争当然也在这里发生，但竞争所用的武器可是有毒的——不是暴力或攻击力，而是尖酸的言语、小心眼的嫉妒心等等。从正面来看，女人似乎比较活在现实世界里。如果比较一下一群讨论病人病情的男医师和一群讨论病人的女护士，你会发现医生组极可能这么说："这癌症令人费解，我从没见过这种事情。"护士组却会说："我不喜欢这个男人。他在家里一定不快乐；我看到他太太来看他，但我不觉得他们……"女人喜欢从个人角度做出诊断，但男人较习惯用客观角度。两种方式都站得住脚；太多这或太少那，在我看来，都很危险。它们是互补的两个世界，注定要相属为一。

我们可以相信，某种过于强大的阳性力量主宰着那阴性本质已经消失的帝国。故事中就有个不寻常的暗示：皇帝在妻子死后开始酗酒。我从不曾在童话故事里见到君王喝酒；这是个颇为奇特的故事。

酗酒是一种常见的被弃综合征（abandonment syndrome）；许多酗酒行为都源自想象出来的或真实的被弃经历。每个酗酒者都说没有人爱他、他觉得孤单等等，但实情未必如此。

有时他们身旁有关心者，但他们还是觉得自己被人遗弃。另有些人是真的无人顾念，因此成为酒鬼。被弃永远是酗酒的一个原因，而我们必须把这原因找出来。这也正解释了"嗜酒者互诫会"（Alcoholics Anonymous）如此成功的原因。他们提供无微不至的关注，而这正是治疗被弃综合征的最佳药方。我们可以这么说：如果要让人觉得他真正受到关注，我们就得天天派人去关注他，否则我们不可能把他救拔出来。

我认为，主要问题应与爱情有关，与一个人的伴侣有关，也与个人的爱欲出了状况有关。女性酒鬼的问题多与男人有关，但男性酒鬼则多与他们的阿尼玛有关。他们跟自己的爱欲失和，也就是跟自己的阴性本质失和，以致他们的阿尼玛无法发挥正常功能，使他们不知如何与阿尼玛保持密切接触。在女人这方面，她们与阿尼姆斯失去接触，使她们无从去到无意识那里。许多人在这些情况下开始渴望起宗教般的狂喜经验，于是开始酗酒或嗑药。一般来讲，任何溺瘾都可说是出自对宗教狂喜经验的渴望。正由于生活太令人沮丧、太无聊、太沉闷，工作没有意义，家庭生活冷冰冰而无感情，人会就此对某种兴奋狂喜生出无比的渴望。人心干涸未必只跟外在环境有关，有时也跟个人自己有关。我曾遇到过一些无从触摸自己情感的病人，他们似被什么东西堵住了、被某种理性态度囚禁着而无从逃出。

有个平常极害羞的女病人之所以会酗酒，是因为她认为那样她就可以变成外向者，可以兴高采烈地与人谈天说地。她时时喝酒就是为了要达到这个目的；酗酒成了她通往无意识的桥梁。

因此我们可以说，皇帝不仅与阴性本质断绝了关系，也与无意识断绝了关系。这可说就是心灵干涸状态，并意味着：统治这国家的基督教文明已经失去了它的灵启之源、它初受灵启时的属灵感觉。它已经变成了日复一日的习惯和责任，因而一种补偿心理冒了出来，在那渴望着狂喜兴奋的经验。在另一个帝国里，爱和生育力都不存在，使得那在心灵内坐立不安而四处游荡的阴性本质试图找到出路。

这故事的发展全与阴性本质有关。皇后航过大海，再后猫女主动要求英雄必须先返乡、然后再回到她那里。猫女把拯救她的方法告诉英雄，成为整个故事的主角，因此故事整体情节可说都是由阴性本质发动的。这故事让我们看到，阴性本质如何藉主动作为去召唤出那具有疗愈功效的互补功能。男人照着女人命令行事的情节显然告诉我们：过度被父权控制的意识必需被平衡过来。我们必须知道，这类童话故事之所以会出现，其目的就是要弥补主流价值的偏颇不足。

注释

1 Walther Aichele and Martin Block, eds., "Die Katze", in *Zigeunermärchen. Die Märchen der Weltliteratur,* ed. Friedrich von der Leyen (Dusseldorf: Eugen Diederichs, 1962), 186-198.

2 原书编注：亚坦（yatagan）是土耳其骑兵佩刀的一种，形状短而宽。

3 译注：原文 two - ness 与荣格的"婚合"概念有关，指对立的两种元素统合为一。

4 C. G. Jung, "Rex and Regina", in *Mysterium Coniunctionis: An Inquiry into the Separation and Synthesis of Psychic Opposites in Alchemy*, 2nd ed., vol. 14, *Bollingen Series XX: The Collected Works of C. G. Jung*, eds. Herbert Read, Michael Fordham, Gerhard Adler and William McGuire, trans. R. F. C. Hull (Princeton, NJ: Princeton University Press, 1989), §§ 349-543. 译按：*The Collected Works of C. G. Jung*《荣格全集》一般简称为 CW，在本书后半均以此为标示。

5 James George Frazer, *The Golden Bough: A Study in Magic and Religion* (New York: St. Martin's Press, 1966).

6 Joseph Needham, *Science and Civilization in China* (Cambridge: Cambridge University Press,1954).

7 Marcel Granet, *La pensée chinoise* (Paris: Albin Michel, 1999).

8 Jacob Grimm and Wilhelm Grimm, *Grimm's Fairy Tales: Complete Edition,* ed. James Stern, trans. Margaret Hunt (London: Routledge and Kegan Paul, 1948), 272-279.

9 Jung, *Psychology and Religion: West and East*, vol. 11, CW (Princeton, NJ: Princeton University Press, 1989), § 845.

10 译注：本章所说的"英雄"与荣格个体化概念中的英雄原型有关，象征个体化过程中不畏艰苦、寻求开悟和人格整合的心志。"小孩"代表个体化初始时尚未完全体现的自性潜力以及启动人格成长的直觉与本能。冯·法兰兹在此把这两个概念并为一词，将两者的意义糅合在一起。

11 Paul Zaunert, *Deutsche Märchen aus dem Donaulande*, in *Die Märchen der Weltliteratur*, ed. Friederich von der Leyen (Jena: Eugen Diederichs, 1926), 150.

12 Klara Stroebe, trans., "Zottelhaube", in *Nordische Volksmärchen*, vol. 2, *Die Märchen der Weltliteratur*, ed. Friedrich von der Leyen (Dusseldorf: Eugen Diederichs, 1915), 186-193.

13 译注：霍梅尼（1902-1989）为伊朗回教什叶派领袖，1979 年发动革命推翻历史长达 2500 年的伊朗波斯王国，创建伊朗伊斯兰共和国。

14　译注：类似人偶盒（Jack-in-the-Box）的木制玩具，盒中的猴偶会弹出吓人。

| 第三章 |

航向圣母玛利亚

怀孕的女人是用来完成这神秘过程的船。

怀孕女人非常接近死亡和原型世界，会在神秘的梦里梦到人类的起源，并在梦中获得祖先之灵正在转世的暗示。这些梦无不告诉我们，怀孕生子带有心理神秘性，甚至带有原型体现的可能性；但在我们文化中，许多女人都无从体会那神秘性和可能性。这跟我们的父权传统有关，也可以说跟女性意象被剥夺了生理面向、其物性的下半身有关。

在故事一开始，皇帝和皇后膝下无子，皇后想去散步。皇帝为她建造了一艘世上最美丽的船："人们宁可直视太阳，也不愿直视这船，以免眼睛被它的美丽给刺瞎了。"船建好后，他对妻子说："亲爱的，船已经可以使用了，你明天就启程吧……如果你回来时没有怀孕，就不可再留在我身边，也不可再出现在我面前。"皇后就乘船启程了，航过大海，来到圣母玛利亚的皇宫。

首先，船是阴性载具，人们都用"她"来指称船。人们也常把船和月亮及月神联想在一起，但有时也把它联想于太阳，如埃及神话中载着太阳横越天空的平底舟。船可促进人与人的交流、商业活动和文化传播，而这种联结力和聚合力再度证明了它属于阴性。船的象征意义建立在它是人造之物的观念上；它是人类的发明，可以前往人脚无法踏上的水面。这是船的基本功能，也是它神奇的地方，更是所有象征阴性本质、月亮和生殖力的原型都与它相关的原因，也是船会使人会联想到子宫的原因。

因此我认为，作为人心建构——如佛法和被称为救赎方舟或挪亚方舟的基督教教会——的象征，船的意义最为基本和最为重要。这些人心建构所具有的意义绝不同于现代科技产品的意义。所有人类最古老的发明——马车、船、农耕器具、犁等——对人类来讲都很神奇，因而其发明者莫不觉得它们源自某种神启，而不会像现代发明者一样认为"这新机器是我凭自己的聪明发明出来的"。古代发明家总认为，揭示或赐给那奇妙之物的是神。因此，最早的技术发明——桥、船和马车——向来都非常神圣，因为人们相信它们全是神祇所赐给的礼物。

澳洲原住民用一个极美丽的故事来解释他们是怎么发现弓和箭的。他们说，彩虹人（Rainbow Man）——亦即具有原型意义的远古时期（Dreamtime）人类祖灵之一——下降到地面时，他的妻子环抱着他并挂在他脖子上。她是弦；在她的环抱中，彩虹人和她成了弓和弦的形状。他们借着那下降姿势让澳洲人得知如何发明弓和箭。自从彩虹人和他妻子消失到大地深处后，澳洲人便开始使用弓和箭[1]。这美丽的故事说明了早期人类是如何看待一种新发明的：他们视之为魔法！镕铁铸剑的工作也是在盛大的魔法仪式中完成，一向都被赋予神圣意义或被视为神迹[2]。

因此由人心发明、但出自神启的船也富有神奇性——它事实上是一位女神向人揭示其形式后，人用自己的心智模仿那形式打造出来的。因此船至今仍保留了一种灵启特质：它可让人行过无意识水域。一般来讲，水是集体无意

公主变成猫：如何激发你的潜意识力量？

识的象征；只有让人可浮于水面的船才能使人免于被无意识淹没的危险。所有哲学、所有宗教教诲或文化传统都是一艘保护我们的船；如果我们贸然走进无意识，我们必会遭到淹没。

荣格心理学也是这样的一艘船。我们可以说，荣格之所以能建立这艘船，是他先创立了几个概念，让溺水而分不清上下四方的我们能够紧紧攀住它们。当人面临自我过度膨胀、被无意识淹没、被情结附身并压垮的种种危险时，荣格的这些心理学概念能为我们解危。例如，分析师可以对案主说："你的自我现在过于膨胀！"或者，他可以藉梦的分析来使他自己和病人不致淹没于无意识之中。一切教诲和传统之所以具有价值，原因莫不在于它们能让人不致完全失去方向感。失去方向感就是人与无意识相遇时的典型感受；一旦如此，被淹没的感觉便会铺天盖地而来。

最初，我们的皇后想乘马车出发。马车这个象征同样具有阴性意义，也同样常与太阳和月亮有关，因为许多文化传统都有太阳、月亮和众星乘着马车和舟船横越天空的故事。古希腊神剧中有舟车一体的载具：载着酒神狄俄尼索斯（Dionysus）向雅典人显灵的马车是艘有车轮、可以驶进城里的舟船[3]。皇后想乘马车在陆地上行走，但耐人寻味的是，皇帝说不可以并特别为她建造了一艘小船。我们之前说过，皇后不知何故感到烦躁而坐立不安。女人怀孕时往往不想走动，皇后却想出门散心。我们之前说过，她有可能觉得受到拘束而想出去寻求什么东西；也就是说，无意识好像驱使着她走上追寻之路，而她也真的在夜晚登船出发了[4]。但是，她想在陆地上行走，却不得皇帝允许而必须乘船航海，这代表了什么意义？

如果她在陆地上行走，她仍会留在意识版图上，因为人一般都生活在陆地上，陆地因而代表已知领域。她只想乘马车在公园里散步，这意味她只想停留在已知的意识领域。但皇帝有较好的直觉，知道她必须经历更重要的、来自无意识的某种经验。派他妻子乘船航海是个既奇怪、又极危险的想法，但他愿意冒较大的风险。他甚至要她怀孕后再回来——我们已经说过，他似乎想把她打发走，甚至对她怀有某种不明的态度。但他的确拥有洞见，知道她需要一个更猛的药方：一趟夜航溟海、一个来自无意识的启示。海洋到处都有怪物和神祇，可以把人带往未知的神话海岸、神鬼居住的未知岛屿。他的预感直觉可说再正确也不为过了，因为，如想获得生育能力、获得新生（"皇子"一向都象征新生的可能性），我们就必须前往那真实领域、那属灵世界、那奥秘之所在。

在我们进一步思索"船"之前，我想把它跟下一个象

　　　公主变成猫：如何激发你的潜意识力量？

征——圣母玛利亚的皇宫——联结起来。在新约圣经福音书写成的时期，圣母玛利亚的老家在加利利（Galilee）或拿撒勒（Nazareth）。现存公元第一世纪的所有史料都不曾提到她的出身；我们只知她在很年轻时就成了约瑟的妻子和耶稣基督的母亲。让人自然推想她还生了其他儿女的是《马太福音》第一章第二十五节的经文。就圣经提到她的部分来看，她一直跟随着我们的主耶稣。耶稣被钉十字架时，她也在场；也就是在那时候，耶稣把她交托给了使徒约翰（见《约翰福音》第十九章第二十六、二十七节），意谓约瑟当时已经不在人世了。《使徒行传》第一章第十四节提到，她参加了使徒和信众于耶稣升天至五旬节这段时间在耶路撒冷举行的祈祷会。新约圣经并没有提到她死于何时何地。

至少对写四福音书的使徒来讲，玛利亚始终为处女的教义并不重要，而且天主教教会在成立后的最初三百年间也没有强调这项教义。然而，对德尔图良（Tertullian）来讲，玛利亚在生耶稣后结婚的事实足以证明道成肉身（the Incarnation）的真实性，并足以驳斥他同时代之诺斯替教派（Gnosticism）对此的说法。奥利振（Origen）则藉耶稣有兄弟的记载来驳斥幻影说（Docetism）[5]。"恒为处女"的教义虽然古老，但实际上并不出于天主教。一般被认为写于第二世纪的次经[6]《雅各福音》（*Protevangelium Jacobi*）——它是后来《玛利亚和救主基督》（*Liber de Mariae et Christi salvatoris*）及《玛利亚诞生福音书》（*Evangelium de nativitate Mariae*）二书的根据——曾指出玛利亚的父亲名叫约雅敬（Joachim）。从三岁到十六岁，"玛利亚都在圣殿里，就像是住在那里的鸽子；她从天使手中获取食物"。当她到了适婚年龄，祭司们便在以色列的鳏夫中为她寻找一位保护者，"以免她玷污了上帝的圣殿"[7]。在一个奇妙征兆的指示下，年长并已有家庭的约瑟便承担了这项保护责任。不久之后，天使报喜的事便发生了。

当处女怀孕的事被发现后，她和约瑟被带到大祭司面前。虽然他们诚实坚持自己是无辜的，但唯在他们通过"上帝诅咒之苦水"的考验后[8]，他们才获得除罪。要直到第四世纪，教父们才开始重视玛利亚为贞洁处女的事情，例如，圣盎博（St. Ambrose）就曾在旧约《以西结书》第四十四章一至三节中发现了一则跟这奥秘有关的预言[9]。

虽然早期教派所写的次经文献——其中一再使用"在上帝眼中无可指摘"这些文字来描述玛利亚——似乎会鼓励"圣母无原罪"这种教义，但被历史认可之许多天主教教父的文章却显示，天主教原本对此几乎毫无概念。

第四世纪时，玛利亚与上帝的特殊关系——这关系使她可以在上帝面前成为人类的求情者——常被欧瑟比

（Eusebius）、亚他拿修（Athanasius）、狄迪莫（Didymus）和拿先斯的贵格利（Gregory of Nazianzus）这几位主教提及。这教义最初受到重视的原因可能是教父们想凸显肉身之道（基督）的神性，但无可置疑的是，"无原罪"之词到后来却成了玛利亚专享的荣耀。

我们可以想起普罗克鲁斯（Proclus）于公元四三〇年左右在君士坦丁堡发表的第一篇讲道，以及亚历山大城之圣启禄（Cyril of Alexandria）于四三一年在以弗所大会（Council of Ephesus）召开时在处女玛利亚大教堂（Church of the Virgin Mary）发表的讲道。前者在讲道中提到"圣处女暨神母"是"贞洁无瑕的宝库、第二亚当[10]的灵性天堂、把两种属性焊合为一的工场……上帝与人类之间的唯一桥梁"[11]。后者则赞美她是"圣母兼处女……通过她，三位一体的神得到荣耀并受人崇拜，救主的十字架也因她被高举而受人景仰。上天因她得胜，天使因她欢乐，魔鬼被驱离，诱惑者被征服，堕落者被高升到天上"[12]。

在以弗所大会决议认定她是神母（Theotokos）后，以她为尊的狂热信仰就开始像野火般蔓延开来。东罗马皇帝查士丁尼（Justinian）在其所订的法典中请求她为帝国向上帝祈福，并在圣苏菲亚大教堂的高坛刻上她的名字。大将纳西士（Narses）在战场上寻求她的指引；皇帝希拉克略

（Heraclius）的旗帜上有她的画像；大马士革的圣约翰（John of Damascus）称她是至高母亲，万物都因她儿子之故臣服于她；圣徒伯多禄·达米昂（Peter Damian）认为她是最崇高的被造之物，并在呼唤她时视她为具有天地间一切大能、但不忘人类福祉的神祇。这种对圣母的广泛崇拜使得与她有关的完整教义体系和宗教仪式逐渐发展了出来。

你在这里看到了全然脱离圣经记载的演变。处女玛利亚在圣经中只出现过几次，但后来发生的巨大灵性发展却逐渐增加了她的重要性：起先她被宣告为神母，继而出现了"圣母无原罪"（Immaculata）的教义，最后出现了最新的"圣母蒙召升天"（Assumptio）之说。虽然蒙召升天之说约从十一、十二世纪开始成为大众信仰，但要直到一九五〇年，教宗庇护十二世才终于正式批可这项说法。

如果我们想到基督教原始教条受到父权思想的严格掌控，这一发展确实叫人难以置信。玛利亚的鸽子毕竟就是维纳斯女神的鸽子，尽管有人必定对此说法大大不以为然。某些教派认为圣灵为阴性，并因此认为也应该有个由父亲、母亲和儿子组成的天上家庭。但教会会议很早就宣布圣灵为阳性，因此这些信仰很早就受到压制。荣格在他论三位一体的论文中指出[13]，教会的见解偏重思考而忽略经验；它建立的不是父亲、母亲和儿子组成的自然家庭，而是一个智性架构，一个由父、子和某种结合两者的神秘力量共同组成的结构。因此，我们一方面看到一个坚持阳性力量、视三位一体为阳性结构的发展，另一方面也看到人们越来越崇奉圣母玛利亚。我们都知道，在许多拉丁国家百姓的日常生活里，圣母玛利亚实际上甚至比上帝扮演更重要的角色。

早期基督徒绝少发明新的艺术母题。正如我们在古代艺术中常见到的，早期基督徒艺术家也会一再模仿前人作品中的某些图像和形式。例如，绘画和雕塑中的天使形态是从胜利女神尼姬（Nike）的形态模仿而来的。在早期基督徒棺木上的绘图中，我们有时会看到有翅形物为站在他们中间的人戴上冠冕、用以表示死者战胜了死亡。这可说完全模仿了尼姬的神话意象——她原是奥林匹克竞技场上的加冕者。如此看来，各式各样的基督教主题可说全是从古文明惯见的传统主题转换过来的。

圣母玛利亚的最早雕像也一样模仿了埃及女神伊西斯（Isis）抱着儿子荷鲁斯（Horus）的一尊雕像。考古学家曾费尽心思，但一直无法判断这雕像是否原为伊西斯的雕像、但被基督教教会用来代表了圣母玛利亚。是以，在艺术上（甚至不仅在艺术上，而且还在心灵深处），圣母玛利亚继承了埃及女神伊西斯的所有主要特点。伊西斯曾对罗马帝国晚期发挥过很大影响力 [14]。伊西斯神话与罗马帝国的密特拉女神神话（Mithraic mysteries）联结了起来；许多密特拉神庙不仅有密特拉的图像，也有伊西斯神话的图像。我们在阿普列乌斯（Lucius Apuleius）所写的《金驴记》（*The Golden Ass*）中也发现 [15]：书中主角路卢修斯（Lucius）在启蒙后进入了伊西斯的神秘世界；两种神秘（伊西斯和密特拉）全然融合成单一的神秘启蒙仪式。

伊西斯尤其跟船只及航海有关。《金驴记》提到，春天降临后，冬日留置在陆上的船只再度下海时，人们会为之举行欢庆仪式。作为水手和船只的保护者，伊西斯是仪式中的主神；路希阿斯就是在仪式中盛大的伊西斯绕行活动举行后获得启蒙的。圣母玛利亚无疑全盘接收了伊西斯所象征的意义。这就是为什么在民间故事里——并在礼拜仪式的某些部分——她也被称为"海洋之星"（Stella Maris），足以证明她也曾被尊崇为船只和水手的保护者。

天主教官方在其认可的意象中只强调玛利亚的属灵意义：处女无原罪怀孕、蒙召登天、登入最神圣之密室（Thalamos）或上帝新娘的洞房。然而伊西斯却具有更丰富的意义。在艺术作品中，伊西斯不仅具有最高越的神性，同时也是冥间女神，是死者、鬼魂、暗夜、幽灵和邪恶的统治者。伊西斯之所以是黑色女神，原因不仅在于她与黑色邪恶有关，也在于她跟夜晚发生之事及黑色泥土有关。在古埃及文化的晚期，伊西斯开始和狮头女神赛克麦特（Sekmet）及猫头女神巴斯特（Bastet）合而为一。作为母神的她在艺术意象中，不仅代表了最崇高的灵性——上帝之母、新太阳神荷鲁斯之母、复活之神奥西里斯（Osiris）的妻子——也代表了统治冥间之万物母亲的黑暗面向。她统合了一切属性，继承或吸引了地中海地区许多其他母神——如德塞特 - 阿塔加蒂斯（Derceto-Atargatis）和阿娜特（Anat）——的所有特征。她把她们融合成了古埃及文化晚期的一个伟大母神。圣母玛利亚也继承了这些特征，但在官方教条中，她只继承了崇高纯洁的灵性特征；其他面向（如繁衍大地万物的能力及黑暗面向）从未被官方承认过。

然而你会发现，在农业国家的农民对圣母玛利亚的崇奉中，所有不被教会教条认可的那些特征仍然深植人心。在被圣徒或圣母疗愈后，人们会照自己的断腿或断臂制作一个小模型，把它悬挂在高处，借以表达谢忱。巴伐利亚甚至还有圣母蟾蜍——据信象征子宫——的模型。生过孩子的女人觉得，把蜡制的子宫模型高挂起来会有伤大雅，于是就把蜡制的小蟾蜍围在圣母玛利亚雕像的四周。不过那只是为添生小孩而献上的感谢。黑色圣母——像我们在瑞士艾恩希登镇（Einsiedeln）或瑞士乌里邦利登镇（Riedern in

Uri）所看到的——特别被人认为可以帮助女人顺利生产或使不孕的女人怀孕。这习俗至今仍然存在，也仍然被视为有效。

因此，农村的民间圣母信仰或保存、或重新取得了——我们无法确定是这两者中的哪一者——冥间女神、生殖力女神、大地女神、黑暗女神的所有特征。为了解释黑色圣母存在的原因，人们杜撰出的借口往往让人莞尔一笑。艾恩希登镇镇民说那是因为修道院曾经毁于火灾，从此她就变成黑色了。你如果仔细打量那尊雕像，就知道那说法显然不合实情，因为雕像上根本没有火烧的痕迹。镇民的说法不过在掩饰一个事实：她本来就是黑色圣母，而且打从一开始就是。她极可能承袭或取代了一尊古代的伊西斯雕像，因为早期基督徒一般会在伊西斯神庙的庙址上建造圣母玛利亚的圣所。早期艾恩希登镇上的人显然认为，为了历史延续性，还是保留她的黑色吧。这就是她至今仍是黑色的原因。罗马帝国所到之处，都会有根深蒂固的伊西斯信仰，也都会有黑色圣母的雕像；这些雕像在那些地区都是自然而然出现的。人们不会大肆宣扬这种事情，只会发明一个小故事（比如说她变黑是因为修道院曾被烧毁），借此使这事看来无伤大雅而得到包容。我们在世界其他地方也看到类似情况，如南美洲的瓜达卢佩圣母玛利亚（Our Lady of

Guadalupe）——她似乎继承了印地安文化所信仰之母神和生殖力女神的所有特征。

在圣母玛利亚信仰和天主教传教士所到之处，圣母总会披上当地伟大生殖力女神的特征。因此，在民间信仰中，她不仅无原罪、属灵并曾蒙召升天，她也是大地的伟大母亲、大自然的保护者。

她之所以与黑暗面向有关，还有另一个原因：她是罪人的保护者。在欧洲许多天主教国家里，雕像上的圣母玛利亚拉起她的衣袍，袍下有许多小人物（也就是正在祈祷的罪人），上方则是满面怒容、拿着弓箭对准他们的天父。这是在告诉众人：如非圣母玛利亚代为求情，愤怒的上帝早就毁灭他们了。她用衣袍遮住他们，并对上帝说："不要生气，他们毕竟不是恶人。"她是中介者，是"中保"（mediatrix），因此人们祈求她代为求情。大家相信她对人性之缺陷较具有仁慈心，而仁慈正是典型的阴性特质。在一个家庭里，每当父亲暴跳如雷的时候，母亲总是那个代为求情者。天上的家庭也一样。

我们故事中的上帝之母也具有模棱两可的性质：她诅咒了王后将生下的小孩。在具有类似情节的童话故事中，诅咒者多是女巫；你很难找到一个诅咒小女孩的女神，只会找到女巫或邪恶精灵。在我们的故事里，圣母玛利亚扮演了邪恶精灵或女巫的角色。由于教会官方的圣母意象缺乏完整性，大众便为这意象添补了它所欠缺的那一部分。这就是我们必须了解民间传说和童话故事的原因——了解这些，就等于去了解一个集体文明会以什么样的梦来弥补它自身的不足。要研究任何一个文明，你可以研究他们的圣书或神圣教诲，借以了解他们的意识传统，但你必须时时自问："他们的民间传说呢？"如此你才可能找到可弥补集体传统之不足的无意识材料。我口中的"弥补"并未暗指对立之事，因为弥补往往就是互补、填补官方教诲未言之事。在某些文明里，官方教诲和民间传说之间存在着十分显著的分歧。

例如，古希腊人在谈论奥林匹斯山诸神时有正式的故事教材，但这教材大大不同于农民的信仰。古希腊农民对大自然充满崇拜，偏向于原始的泛灵信仰（animism），与希腊人在学校里学到的、仅被祭司阶级和城市精英阶级相信的希腊宗教大相径庭。一切文明都有这种阶级现象。精英阶级通过学校及体制，用传统形式传授他们所继承的精神遗产，借以塑造某种意识结构。但与此同时，可与之互补的无意识想象也接着形成一股暗流。我们可借人们的梦境来察觉这股暗流，也可在研究一个文明时，借问街头小人物"你信什么、想什么、崇拜什么"来发现它。街头小人物总会毫无忌讳地把他们的幻想宣泄出来。

举个例来说，我们都知道天主教在其性教育中强调婚前性行为之不可取。我有一次对一首流传很广的巴伐利亚短歌产生了极大兴趣，歌词是这样的："我去对妈妈说：'我可以吻那女孩吗？'妈妈说：'不可以；如果你吻那女孩，你就犯了罪。'于是我去对神父说：'我可以吻那女孩吗？'神父说：'如果你吻那女孩，你就会下地狱。'于是我去问上帝本人：'我可以吻那女孩吗？'上帝捧腹大笑，对我说：'当然可以，我就是为男孩创造女孩的。'"农村男孩满怀谴意地唱着这些古老歌曲。他们都是好天主教徒，会在每个主日去参加弥撒，但他们还是唱着那首歌，并照着歌词所说、而非教会所教的去做。就在这些地方，你可以看到单纯小人物——以及童话故事——才会流露出来的弥补心理。人们藉童话故事讲出的圣母玛利亚故事，想必会吓坏一板一眼的教士们，而这正是这类故事弥足珍贵的理由之一。

我们现在有点更知道如何去诠释那艘由皇帝下令建造的船了。皇帝晓得：在无意识水域遥远边界上的形上领域、未知领域必须出现；也就是说，只有超自然而神奇的某种东西才能解除荒芜不孕的状况。他比他的妻子具有更好的直觉，因而把她交托给了一个结构体、一个架构、一艘阴性之船，让她能在黑夜中航过无意识水域、去到圣母玛利亚的皇宫。

然而，我们在此似乎遇见了一个很奇异的地理空间。

圣母玛利亚不住在她应住在的天上。虽然她在一九五〇年才正式蒙召升天[16]，但大家都相信她从十一或十二世纪以来（甚至更早）就住在那里了。但在我们的故事中，她并未住在天上，而是住在立于海面上的一座皇宫里。她不在陆地上，也不在地球上，更不在三位一体之神的所在处。因此，"她住在皇宫里"是指什么？住在这种地方或从这种地方发号施令的是贵族。在童话故事的语言中，国王或王后、统治者或高阶贵族会住在皇宫里，但上帝不会。因此这里的皇宫再度强调了一个差异：这不是教会所说的圣母玛利亚。她应住在小教堂或大教堂里，但这故事中的她却住在皇宫里。

我们必须从罗马尼亚纯朴农民的观点来看事情。对他们来讲，历代的奥地利皇帝（也就是哈布斯堡家族）都住在皇宫里。在意大利，波洛米尼（Borromini）家族也住在皇宫里。他们享有崇高地位，受人敬拜，是一言九鼎的世界统治者。我要强调的是，皇宫不是教堂。因此，我们故事中的圣母玛利亚脱离了与她关系最密切的教会，成为了一个统治者、一个未知领域的皇后。她不是陆地上的皇后，也不是天上的皇后（虽然这是她正式的头衔），却是海面上、无意识内某未知领域的皇后。她统治的不是人类意识世界，

公主变成猫：如何激发你的潜意识力量？

也不是人类宗教意念所想象的天堂。我们可以说，她位于一个神秘的第三世界。在我看来，这十分有意思，因为它也让我们看到圣母玛利亚（或说圣母玛利亚的原型）仍处于发展阶段。

原型的发展历史可以横跨许多世纪。荣格在他论约伯的论文中试图写出基督教原型的历史[17]。他清楚指出：原型会自行集结意义[18]，然后发展、老化、最后将其对立者导引出来，就像一出需费时数百年才能演完的戏剧。某些原型会淡化消失；在扮演重要角色后，它们便趋于没落，人们对之失去了兴趣，它们也不再能集结意义、不再活跃于集体无意识中。它们被人遗忘，并被正在前来、正在形成、正在浮起以求体现的新原型取代。新的原型使人兴奋并带起新的意义。只要集体想象还能继续扩增一个原型的意义，这原型便仍处于形成阶段。自发的意义扩增过程总会不断揭露新增的意义；相反的，一个趋于没落的原型已沦为贫乏的陈腔滥调，再也无法激发出新的想法。

我们故事中的圣母玛利亚位于集体无意识中的"未知某处"，住在皇宫中并为统治者，让人崇敬，但也让人感觉诡异——这一切都意谓了这原型还正在浮起、还正要从集体无意识的地平线上出现。举个例来说，在教宗宣布圣母蒙召登天后，随即就出现了一波想要还俗结婚的神父，以及一波想获准成为教士的女人。有趣的是，这些运动没有一个提到"圣母蒙召升天"的宣诏，但心理学家知道这种效应显然是宣诏造成的。

神父们为何不说："圣母玛利亚已进入了上帝新娘的洞房，可见婚姻也存在于天上，因为你怎可能到洞房后什么也不做？"神父们想结婚是因为这才符合圣母玛利亚原型的含意。至于女人，她们说："现在我们想成为教士，我们要被允许进入至圣所。"没有人提到这当中明显的心理因素，但我们却可在此看到：即使人无所自觉，原型仍发挥了影响力。人们不知自己为何突然想结婚或为何突然想成为教士。真正的原因是：阴性本质之原型正从集体无意识中浮起，而且还在上升途中，使得一群人突然参加了相当奇怪、且不为他们自己所了解的运动。

身为局外人，我们知道，那些运动完全受到集体无意识内正在发生之事的影响。女性主义运动也是如此。虽然彼此少有共通点，但所有这些运动都互有关联。如果能去探究一下当前集体无意识深处的变化发展，你当可大致得知那个深处基本上发生了什么事情，也可以让自己不致陷在一波波的表面争议——"女人应该成为教士吗？神父应该结婚吗？"——当中。这些水面波浪是由正发生于集体无意识海洋深处的事件所引起的。重要的是，圣母玛利亚的某一阴性意象想要浮出水面。如果仔细阅读童话故事，你当会发现文字背后藏着什么样的实情。

圣母玛利亚住在皇宫里的意象让我们知道，这童话故事出现于基督教时代、但不会早于中古世纪，而且目前仍在集体无意识中带动着一个仍属必要的演变过程。

皇后来到那皇宫。有人对她的侍女说上帝之母住在那里，因此侍女们不敢进去。皇后便独自走进去，然后看见一株结了金苹果的苹果树。决心要吃苹果的她说："吃不到其中一颗苹果，我就会死掉。"侍女们想帮她偷颗苹果，但没有成功。皇后开始生起重病来，因为她想吃苹果已经想到快要发疯了。加倍努力的侍女们终于为她偷摘到了一颗苹果。她吃下后开始呕吐，然后突然觉得自己已经怀了六个月的身孕。

这是个奇特的母题。通常在童话故事里，女人在吃这种神圣苹果时才会开始怀孕。但我们故事里的皇后并不是吃了金苹果才怀孕的；她是突然发现或觉悟自己早已怀孕六个月了。那孩子因此极可能是皇帝的骨肉，因而拥有正当合法的地位。但皇后在此之前显然对此一无所知，可说既怀了孕、也未怀孕。她只在吃苹果呕吐时才有所晓悟，但怀孕的大半过程都已发生了。我第一次遇到这么奇怪独特的母题；在探讨它之前，我想先讨论那株苹果树。

就西方的神话来说，我们首先当然会联想到伊甸园里的那株善恶知识树。圣经并未明指那是苹果树，是基督教神话把它变成苹果树的。夏娃偷了一颗苹果，因而替人类启动了意识的可能性和死亡的必然性。在死亡的衬托下，生命才变为真实。

另一个重要的苹果树意象与赫斯帕里得斯仙女们（Hesperides）所守护的金苹果园有关，而那里的金苹果也必须用偷的方式才能取得。赫斯帕里得斯苹果园位于太阳降落的极西方，面向死亡并通往无意识。那里的苹果与伊甸园里的不同，是金色的，跟我们故事里的苹果一样。在某些版本中，万物之母把这树赐给了赫拉（Hera），当作她的结婚礼物。偷得赫斯帕里得斯苹果园的金苹果是大力士赫拉克勒斯（Hercules）的第十一项任务，也是他唯一需要以智取胜的任务——他必须设法先用智巧胜过撑天巨人阿特拉斯（Atlas），才有办法偷到苹果。由此可见，死亡与重生带来的是意识与知识。北欧神话中的女神爱都娜（Iduna）种植了可让众神回春的金苹果，使众神能够长生不老。苹果岛阿瓦隆（Avalon）——apple一字即源自布列塔尼语（Breton）中意为苹果的aval——是亚瑟王死后被送往之地，而非他的出生地。使我第一次了解"死亡可以带来意识"这矛盾语法之意义的，就是亚瑟王宫廷故事中的这个苹果岛。另外，未被邀请参加奥林匹斯山上婚宴的纷争女神厄里斯（Eris）把一颗金苹果朝着婚宴丢过去，上面写着"献给最美丽的女神"几个字。决胜最美丽女神头衔的是赫拉、雅典娜和阿弗洛狄忒（Aphrodite）三位女神。宙斯不愿插手这桩事情，便把它交给了特洛伊王普里阿摩斯（Priam）的儿子帕里斯（Paris）。帕里斯是牧羊人；由于他一出生就被预言将成为特洛伊的麻烦制造者，因此被普里阿摩斯送到牧官那里处死，但最后被牧官抚养长大。赫拉向帕里斯允诺权力，雅典娜允诺他在战场上所向无敌，阿弗洛狄忒则允诺赐给他世上最美丽的女人。帕里斯选择了阿弗洛狄忒，后者便协助他偷走米墨涅拉俄斯（Menelaus）的妻子海伦，结果导致特洛伊战争的爆发。在这故事中，阴性本质的不同特质经由冲突被辨识了出来，因此可说意识必须通过苹果才能变得更为清晰。

由于我们在船和船葬之事[19]已看到苹果和死亡国度之间的奇特关系，我很想先进一步探讨这关系。但我们这时也更清楚知道：船本身就带有强烈的死亡性质，苹果也一样。这告诉我们，具有生育力也会导致问题——女人想生孩子，但死亡却埋伏着等候她。

在为怀孕女人做心理分析的时候，我们往往发现，她们许多人都会想象死亡将至，并对死亡深怀恐惧。我们当然不能忘记十九世纪前女人因产难而死的比例相当高。在十六、十七和十八世纪男人的传记中，我们也发现，当时的男人往往拥有十五个小孩和三个妻子，原因在于那时候没有避孕丸。女人时时刻刻都在生孩子，而且常死于产难，并因长期不断生育而身心俱疲。因此对她们来讲，生和死一方面是原型事件，另一方面也是相当真切具体的问题。我也注意到，现代许多女人在怀第一胎时尤其会害怕生产之日的到来，并会想象自己即将死亡。但这些反应都是水面涟漪，是由更深之处的某种东西发动出来的。即使生产顺利，即使一无危险而且她们也已安然渡过难关，奇怪的死亡母题仍然会出现在女人的梦境里，仿佛暗示说：处女玛利亚——未婚且无拘无束的女人、女人生命的某种特别形式——必须死去。因此，对女人来讲，生育也代表了她自己生命的重生，自此她将个同于往，将不再是同一个女人，她的生命将有所改变。她在象征意义上经历了死亡和重生，也实际经历了真实死亡的危险。

还有一个十分神秘的第三母题，神秘到你会笑我、认为我是神秘主义的信徒，但我还是必须提到它。怀孕的女人常梦见某种东西——例如进入她们身体以制造小孩的线缕或原料——被严密守护在死者国度里。如果你想用理性、简化的方式来诠释这样的梦，你可以说，那东西显然就是祖辈或曾曾祖父遗传下来的基因物质，如今在女人体内正被织成一个小孩。名叫 DNA、源自几百万个祖先肉体的基因物质正在织出一个新小孩，因此那些细胞已经战胜了死亡。这种诠释女人梦境的方式，只能说纯粹使用了生物学的简化说词而已。

我认为应该另用心理学的说法来做诠释。对相信转世的印度人来讲，那很简单：他们是从死者国度、从他们曾前往的中阴界（Bardo）投胎转世而来。我还无法确定投胎转世是否真有其事，只能说，怀孕女人的梦境——梦见小孩被孕育出来、在死者国度及祖先国度被制造或被织造出来（纺织是常见的母题）、随后经子宫进入生命世界——实在非常奇妙。女人仿佛成了一种工具，可以从死者国度把某种东西带回生命世界里，而这里所说的生命，其意义绝对大于生物学所解释的生命。

因纽特人（Inuit）会在小孩出生时把祖父母找来，看看小孩会先对谁笑，然后就给小孩取对方的名字。如果祖父母死了，他们会用其中一人的名字给小孩命名。如果小孩身体孱弱、经常哭叫，他们就说所取的名字不好，然后用另一个祖先的名字来命名，直到他们觉得适合小孩为止，而这个祖先就在这时重生到了小孩身上。即使这祖先还没死去，小孩还是延续了他（她）的生命。因此，我们在此也看到某种过往元素流进小孩体内的想法。怀孕的女人是被用来完成这神秘过程的船，她的身体被用来携带那神秘元素。这也就是她会想象或感觉死亡十分接近的原因。在我初开始分析怀孕女人的那些年，我有时会为她们感到害怕，怕不好的事或某种并发症会发生。但这么多年来我也常发现，在完美的生产过程中，这种临近死亡的经验具有其他意义。用诗的语言来说，它意谓了走向远方、走向生命所来自及生命在死后所归往的那个未知源头。

苹果的双重作用——引起纷争和对立的就是这双重性——也出现在我们的故事里，因为整体悲剧和问题都与女孩被诅咒为猫、需要救赎有关。如果没有苹果穿插其中，这悲剧是不会发生的。因此很自然的，这故事可说与伊甸园故事最为相似。唯一能区分善恶的原是上帝；在偷吃苹果后，人开始跟上帝一样能知善恶。因此整个问题都跟人开始意识到对立、意识到上帝本身具有对立面向有关。但在还没有讨论猫之前，我暂时不会进一步讨论这一点。如我们在第四章会发现的，猫是上帝之母的黑暗面向。（在此我可说有点迫不及待地预告了后面的讨论。）

正如亚当和夏娃察觉到上帝具有光明和黑暗面（也就是说，善恶之对立存在于上帝身上），我们故事中的皇后也在吃下苹果后发现了光明与黑暗的冲突。圣母玛利亚的黑暗面、阴性本质的黑暗面突然彰显了出来，整个纷争也随之发生。这两个母题可说具有密切的相似性。

荣格曾为文讨论炼金术中的贤者之树。这树会结银色和金色苹果，但往往只结金苹果[20]。炼金术的炼金过程有时会被比喻为种树；受到辛勤照顾的树会慢慢结出金色苹果，而这些金苹果就等同贤者之石。在这方面，黄金即意指长生不死，而重生便是长生不死的一种形式。黄金让人联想到永恒、永恒之事和不朽之事。在炼金术里，黄金多半意指不朽的物质。

奇怪的是，人一吃下这不朽之物，死亡和纷争就立刻降临到这世界。纷争、死亡和不朽立即相连起来并彼此相属。这虽是令人难以接受的心理真相，但我们仍必须接受它。我们故事中的树是使人更具意识的知识树；皇后甚至用言语把这事实说了出来。她现在意识到自己怀孕了。她并非开始怀孕，而是意识到自己现在已是怀孕之身。毋庸置疑的，苹果的功能就在传送意识。

这里有另一个有趣的母题：皇后受到一种奇特渴望的挟制，因此生了重病，更在病中宣称她若没吃到金苹果，就会死掉，使得侍女们不得不为她去偷摘一颗金苹果。格林童话故事《长发公主》（*Rapunzel*）也有类似的情节[21]。一个女巫的花园位于一对夫妻的住屋后方，花园里种有一种长着四片一体之星形绿叶的莴苣。怀孕的妻子说她想吃点那莴苣，并说如果吃不到，她就会死掉。大家都知道孕妇有时会生出很奇怪的欲求，并不是神话中才会出现的情节。在一般生活里，我们常见到胃口突然大开的孕妇，而这当然跟生理因素有很大关系。她们的身体真的缺了什么东西，因而出自本能地想吃到那东西。但传统的民间故事却认为，欲求逾度的孕妇会招来厄运。《长发公主》中的丈夫偷了莴苣，致使女儿在十二岁时被女巫（也就是花园主人）带走并关在高塔里。这女孩必须等候一个能救她的王子来到，然后才能脱离女巫的掌控。

这故事和我们的故事十分相似，但我们的罗马尼亚故事却出现了一个奇怪的转折：圣母玛利亚扮演了女巫角色。皇后的贪吃也招来厄运，但竟然是出自圣母玛利亚的诅咒。如果皇后是在吃苹果后才怀孕，那么这故事应和许多民间故事十分相似——故事中都有一个国王和一个不孕的王后；王后必须吃一种特别东西，例如她用自己的洗澡水在床下种出的两朵花，或一只青蛙要她吃下的某种东西。她在吃下这些东西后才会怀孕。

但在我们的故事里，我们看到一个超自然受孕的母题、一个可比拟于基督诞生的母题（我在此对基督并无任何不敬之意）。就像多数童话故事中的主角，这小孩有神圣的起源，但她并不是神，而是由人类父母、由皇帝和皇后所生；她的神性是附加上去的。她不像基督那样以女人为母亲、以上帝为父亲，也不像许多童话故事的男女主角那样拥有一个非人的父亲或母亲（可能是半人半蛙，也可能是一株树或一颗水果）。她本质上是正常人，具有人性；人性是主体，神性是后来加在她人格上的。不像宗教传统中的基督，她永不可能被视为真实的上帝和完美的人。她是真实的人，但也是一个带有神圣宿命的人。神旨把难题放在她身上，就是这一点使她不同于其他任何童话故事的女主角——后者的超自然面向和超自然诞生往往是故事的重点，使她们更似如鬼魂或原型。我们的猫女并不像鬼，也不是原型；她甚至只是一只家猫——她的行为刚好反映了这一点。

如果故事以凡人为主角，那意味的是——从故事整体脉络来看——问题离意识不远。如果男女主角原本就是凡人，那代表问题原本离意识就很近。梦的母题也是如此。举例来说，如果你的阴影原型以黑豹形象现身，那意味它离意识相当遥远。但如果你的阴影原型以某某太太的形象现身，你无疑应该知道那意指什么。当阴影或阿尼姆斯以人形出现时，我会在分析疗程中坚定告诉病人"你应该知道那是什么！"或"你不知道它是什么问题吗？"我这么做的理由是：在这种情况，病人应该已有能力知道他们的问题何在，而且他们应该已能意识到阴影和阿尼姆斯的意义。但只要阴影和阿尼姆斯是以其他形象出现，它们就仍然离意识甚为遥远；我们或需要动用一些理论——可以这么说——来试图接近它们、找到它们的藏身之处。但如果病人这时说"你的诠释很有趣，可是引不起我的共鸣，我也看不出其中的道理"，那么你就不要再坚持，反要等到那阴影更加靠近的时候再说。在我们的故事里，问题离意识不远，想必是罗马尼亚人已可用直觉感知到的一个问题。

我们曾把讨论重点放在皇后如何吃了苹果树上的禁果、因而像亚当和夏娃一样拥有意识而成为罪人的主题上。作为女人，她面向意识跨出了一大步；更明确来说，这代表她已更能够感知阴性本质和生命之阴性领域的存在。这种感知所带来的第一个成果就是：皇后意识到她已怀孕了一段时间。

如果你研究未开化社会，你会发现，怀孕是部落的宗教神秘仪式之一，是每个女孩必须经启蒙而走入的奥秘境界。一般来讲，在月信初次发生时，她们必须像男人一样经历某些入门仪式，但主要是要进入怀孕生子的奥秘之中。生产因此被赋予了宗教经验的意义；生小孩不是平常俗事，也不是与宗教无关的生物行为。但基督教——如天主教教会——对此则持有相反的看法。他们虽未禁止性行为或视之为邪恶，却认为那只是必须被容忍的血气天性；也就是说，在某种范围内，肉体和天然生命可以被容许获得若干适当关注。因此，性行为必须要有节制，必须发生在婚姻状况下，而且尽可能以生出下一代为其唯一目的。只要发生在体制内，生孩子是件好事，也是让人高兴的事，无关乎犯罪，但丝毫不具有宗教意义。如要获致最崇高的宗教造诣，女人就必须出家、成为没有子女的修女；这才是更佳的生命形式。

基督徒女人在怀孕时不会有祝福仪式，生产时也不会有支援仪式，原因都在于这些经验已被逐出了宗教领域。如果她因产难而死，她会获得临终仪式，除此之外就没有别种仪式了。这表示生产属于俗事，不归宗教管辖，因而女人生命的这一部分完全失去了心理深度和心理价值，反被当成平凡无奇的生理事件。甚至连今天受过良好教育的女人也都还如此认为。我遇见过不少女人，她们为自己能在身为职业妇女的同时顺便拎个小孩在身边——这可是她们自己的说法——感到自豪，觉得这方式对她们来讲还挺行得通。但她们却丝毫不觉得生小孩是什么了不得而值得惊怪的事情。小孩虽然正常出生了，这些女人却让自己无从拥有深处领悟，也无从获致宗教知觉、神圣知觉和原型知觉。这些知觉从未升起过；对她们来讲，小孩虽是她们所渴望的，但也是一种平凡而无深义的生命附加品。

我深信小孩不应该在这种情况下出生，因为这世界并没有用适当方式来欢迎他们的来到。如果对怀孕的女人做心理分析，你会发现，她们的无意识却把怀孕之事当成重大的、原型的，甚至（我认为）灵性的事件。如我说过的，怀孕女人非常接近死亡和原型世界，会在神秘的梦里梦到人类的起源，并在梦中获得祖先之灵正在转世的暗示。这些梦无不告诉我们，怀孕生子带有心理神秘性，甚至带有原型体现的可能性。但在我们的文化中，许多女人都无从体会那神秘性和可能性。这跟我们的父权传统有关，也可以说跟女性意象被剥夺了生理面向、她的物性下半身有关。

皇后现在有了意识，但这却侵犯到圣母玛利亚的神圣国度，因而触怒了上帝之母，使后者诅咒起尚未出生的小孩。根据我对童话故事的了解，没有任何其他故事提到过圣母诅咒小孩。某些故事会提到冷淡的上帝之母，但那显然是在平衡官方教义中上帝之母全然慈悲为怀的说法。我真的从未见过一个跟这故事相似的童话故事。怀孕的母亲（如我们的皇后）想吃某种特别食物而招致女巫诅咒的母题，的确极常出现在童话故事中（最有名的就是格林童话中的《长发公主》）。但在我们的故事中，上帝之母竟出人意表地扮演了女巫的角色。

注释

1　作者是从人类学家 John Layard 的一场演讲听到这故事。

2　Mircea Eliade, *The Forge and the Crucible: The Origins and Structures of Alchemy*, 2nd ed., trans. Stephen Corrin (Chicago: University of Chicago Press, 1978), 19-33.

3　译注：本句原文有 Thospis carriage 一词。Thospis 一字来源不明，极可能是希腊戏剧创始者 Thespis 之误。Thespis 是第一个将古希腊人敬奉 Dionysus 的祭神仪式转化为戏剧表演的人。

4　荣格写道："夜晚出航是一趟潜赴地狱之行（descensus ad inferos），也就是降入冥间、去到世界以外和意识以外的鬼魂领域，因此也是潜入无意识之旅。"见 Jung, *Practice of Psychotherapy*, 2nd ed., vol. 16, CW (Princeton, NJ: Princeton University Press, 1985), § 455. 另见 Jung, *Symbols of Transformation*, 2nd ed., vol.5, CW (Princeton, NJ: Princeton University Press, 1990), §§ 308 - 368.

5　译注：德尔图良（全名 Quintus Septimius Florens Tertullianus，约于公元 155-240 年间在世）以拉丁文写出无数为基督教教义辩护的著作，被后世称为西方神学之父。奥利振（全名 ōrigénēs Adamántios，约于公元 185-254 年间在世）为希腊学者及基督教苦行僧和神学家，与德尔图良同是基督教早期教父之一。诺斯替教派认为物质为恶、为幻影，因此否定旧约圣经中创造物质宇宙的上帝为真实上帝。真实的上帝纯属灵性，不可能藉道成肉身（也就是道透过处女之身降世为人、成为耶稣基督）来救赎人类，因此耶稣的肉身人形充其量只是真实上帝之灵的投影，并非实体。

6　译注：指未包含在正统圣经文本内的经籍。

7　Montague Rhodes James, trans. *The Apocryphal New Testament: Being the Apocryphal Gospels, Acts, Epistles, and Apocalypses* (Oxford: Clarendon Press, 1945), 42.

8　有关"上帝诅咒之苦水"，见旧约《民数记》第五章第十一至三十一节。

9　见 St. Ambrose 在长论文 *De Institutione Virginis* 中所言："如非圣母玛利亚，这入口会是什么……基督经这入口进入这个世界；祂透过处女产子来到这里，而且确确实实从处女紧闭的外阴部破门而出。"

10　译注：指耶稣基督。

11　见 Philippe Labbé, *Concordia sacræ et profanæ chronologiæ annorum*

5691 ab orbe condito ad hunc Christi annum 1638（Paris,1638）, vol. 3, 51. Johann Christian Wilhelm Augusti 在十九世纪曾将此著作内容做过不少摘录（*Denkwürdigkeiten aus der Christlichen Archäologie,* vol. 52）。另见 Henry Hart Milman, *History of Latin Christianity* (originally published in 1854), vol.1,185. Milman 称 Labbé 的书是"一个用无可翻译之隐喻建筑起来的疯狂迷宫"。

12 同上。

13 Jung, "A Psychological Approach to the Dogma of the Trinity", in *Psychology and Religion*, vol. 11, *CW*, §§169-295.

14 译注：罗马帝国在公元 285 年分裂为西罗马帝国及东罗马帝国。

15 Marie-Louise von Franz, "Matter and the Feminine", in *The Golden Ass of Apuleius: The Liberation of the Feminine in Man* (Boston: Shambhala, 1992), 211-230.

16 译注：指一九五〇年时教宗庇护十二世正式批可"圣母蒙召升天"之说。参见本章前文。

17 Jung, "Answer to Job", in *Psychology and Religion*, vol. 11, *CW*, §§553-830.

18 译注：此句为意译。原文 archetypes constellate themselves 意指：各社会依其特有的自然和文化环境，会不自觉地通过具体意象为原本抽象的人类共有心理原型集结意义，进而形成该社会的集体无意识。

19 译注：在亚瑟王故事中，亚瑟王尸体被放置于船上，顺河流到阿瓦隆岛。在岛上三个神秘少女洗净平复尸体上的创伤后，尸体从此不知去向。

20 Jung, "The Philosophical Tree", in *Alchemical Studies*, vol. 13, *CW* (Princeton, NJ: Princeton University Press, 1983）, §§304 482.

21 Grimm and Grimm, *Grimm's Fairy Tales, 73-77.*

| 第四章 |

神话中的猫

凯尔特人的一则传说也提到，位于某个山洞里的一座神谕之龛是由一只躺在银色卧榻上的猫守护着。猫因此是个中介者，是善恶之间的桥梁；它了解两者，才可以成为善恶之间的调停者。

它也可成为内在和外在生命、神祇等超自然力量和人类之间的调停者。它能前往两极领域并熟悉两者，因此它可以传达具有先见的智慧、教我们如何平衡互相冲突的价值观。作为意识的象征，它是心灵中可以带路的灵性存体——只要我们信任它、尊敬它、服从它并追随它（无论它把我们带往何处）。

我们现在应该同时从神话和真实世界两方面来思索猫及其衍生的意义（amplifications）。猫这个象征最引人注目的地方是它的矛盾性：跟蛇一样，猫的意象摆荡在仁慈和恶毒这两种意义之间。

在人类历史上，猫初被赋予原型意义是在埃及人开始视它为神圣动物之后。猫取得神圣地位，这意味的是：不仅它天性中的所有黑暗面向都几乎被清除一空，它也与人的灵性生命联结了起来。埃及的伊西斯女神信仰很早就认为猫是神圣动物，但要直到埃及第二十二王朝期间，猫才成为伟大的猫头女神巴斯特，也就是伊西斯女神和她丈夫奥西里斯的女儿，其地位超越了其他所有女神。她被称为"布巴斯特城的守护女神"（Lady of Bubastis）[1]，有水环绕着她位于城中心的神庙四周。

虽然巴斯特是女神，但她常被人视同于她的父亲拉（Ra）。正如埃及的其他神祇，奥西里斯、拉和荷鲁斯三者常被古埃及人视为同一个神。在猫女神被视同于生命之神（或太阳神）拉的时候，人们相信她每晚都在宇宙中跟蛇形的黑暗之神阿波菲斯（Apophis）作战。因此，在所有神话中，猫也是众多以不同方式对抗邪恶的太阳神英雄之一。

但猫也被人崇拜为月神。据信在黑夜时刻，当人们看不到太阳光的时候，太阳光会反映在磷光闪烁的猫眼之中，就像太阳光反映在月亮上一样。我们在这意象上看到的正是之前提到的阴性意识。

在古埃及晚期，巴斯特跟狩猎女神（处女之身的原野女神）阿尔忒弥斯（Artemis）合而为一；后者也是生殖力的象征并主管女人的生产过程。根据某个神话的说法，当希腊众神在蛇形巨人提丰（Typhon）的追赶下逃往埃及时，阿尔忒弥斯变身为猫并躲到月亮上。女神赫卡忒（Hecate）也曾变身为猫；如同嫁给太阳的条顿民族（Teutons）生育女神芙蕾雅（Freya，其座车的驾驶就是两头猫），赫卡忒也象征了阴性本质的邪恶面向：女巫、使人疯狂偏执的恐怖母亲（Terrible Mother）。

最后，到中古世纪时，猫开始被大众视为邪恶势力的象征。有些女人据称能把自己的灵魂依附在黑猫身上，借以成为不再献身于光明、却献身于黑暗和魔鬼的女巫。天主教信仰之所以会不正视本能、性欲以及——整体来讲——大自然的阴性面向，其原因很可能就跟猫演变为具有毁灭性、代表动物本能和阴性本质的象征有很大关系。事实上，黑猫可被视为圣母玛利亚的阴影面向，是人们将自己想向教会报仇的无意识欲念往外投射的对象。由此可见，人类的认知基模如何建立了猫这原型的两极属性。现在，让我们简短讨论一下猫的光明和黑暗属性。

猫与意识及创造过程有很密切的关系。据信巴斯特信仰中的纵欲杂交仪式可以增进植物、动物和人类的繁衍能力。然而，在月黑之夜进行的黑猫崇拜狂欢仪式却只能说是不孕仪式[2]。与变成黑猫的魔鬼交合，是无法结果和绵延后代的，反而会带来冰雹、暴风雨、农作灾殃、动物死亡以及人类无孕或性无能等等不幸事件。白猫是疗愈者和哺育者，可以解毒、消除发炎及强化复原能力。她的尾巴被广泛用来治疗盲人，而且众人多认为猫的神力聚集在其平衡器官尾巴上。相反的，女巫的黑猫会毒害人心并使人的身体罹患疾病。魔鬼借自己的化身来迷惑大众，迫使他们屈从他的意志。

在民间传说和童话故事里，白猫能解放被压迫者以及协助穷人或低下阶层的年轻人。它能运用机智和各种资源来推翻黑暗势力，并带来财富、权力和荣耀。黑猫常是灾难的恶兆，给人带来贫穷、失望和折磨。它也是压迫者、背叛者和偷窃者。坐在基督脚边的猫象征太阳（世界之光），坐在背叛者犹大脚边的猫则象征魔鬼。在正面意义上，猫跟蛇一样与长生不死有关，因为蜷曲成圆形的它据说拥有九条性命。但在负面意义上，它蜷曲成圆的身体乃暗指"恶性循环"。由于它的眼睛一眨也不眨，而且能在黑暗中视物，猫被人视为先知，具有先见之明和洞见。但反过来说，猫眼也暗示了蛊惑能力，能使受害者动弹不得。由于猫具有独立不拘的性格，人们把它跟圣母玛利亚联结了起来，但同时——如我们已见到的——也把它跟女巫联结起来。猫是疗愈者及人类的仆人，但也被认为是施咒者、蛊惑者和吸血鬼。

猫还有另一个面向，使它得以位于上述的两极之间：猫是中介者。根据诺斯替教派的信仰，猫是伊甸园生命树（也就是提供善恶知识的那棵树）的守卫者。同样的，埃及的太阳神猫也与代表生命和意识的油梨树（persea tree）有关。凯尔特人（Celts）的一则传说也提到，位于某个山洞里的一座神谕之龛是由一只躺在银色卧榻上的猫守护着。猫因此是中介者，是善恶之间的桥梁；它了解善恶，因而能够调解两者之间的冲突。它也成为内在和外在生命、神祇之超自然力量和人类之间的调停者。它能前往两极领域并熟悉两者，因此它可以传达先知般的智慧、教我们如何平衡互相冲突的价值观。作为意识的象征，它是心灵中为人带路的灵性存体，只要我们信任它、尊敬它、服从它并追随它，无论它把我们带往何处。

最后，让我简短谈一下猫祭（cat sacrifice）这个题目。

猫祭的目的似要摧毁人类自己不敢面对而投射于动物身上的心理面向，不论这些面向是否与光明或黑暗的心理经验有关。对伟大的无意识来讲，猫祭是具有补偿作用的必要作为，让人可借以摆脱任何原型中邪状态而得到复原。我们发现，曾隶属罗马天主教的法国、英国和其他地方都有过猫祭仪式。坐在十字架脚边、象征基督——即象征光明、疗愈和救赎——的白猫必须像基督一样成为献祭中的牺牲品，以便重获新生。与太阳相属的猫是雄猫；在童话故事里协助英雄（主角）的猫都具有——如果我们确切定义它的话——灵活机智的特质，例如《长靴猫》故事中的猫。在这些童话故事里，猫是灵魂的向导，知道如何带路。它与太阳相属，而且就像莫丘里阿斯（Mercurius），恒是太阳的得力帮手。这与母猫的性质相当有别。母猫具有月亮和巴斯特的特性，跟生殖力之类的事情息息相关。

猫源自埃及。所有的猫都是埃及猫的后代。埃及人视猫为神圣动物，甚至似乎至今仍视之为益友。在一本自传小说里，阿加莎·克里斯蒂（Agatha Christie）[3] 提到她跟随她身为考古学家的第二任丈夫到埃及去从事挖掘研究[4]。由于他们居住的小茅屋受尽大、小老鼠的骚扰，他们开始慎重考虑离开那地方。他们放置毒药并用尽了其他种种方法，但就是无法赶走那些老鼠。最后他们对阿拉伯酋长抱怨,但后者仅仅说:"啊,那很简单。"第二天傍晚他带了一头非常庞大的猫过来,对他们说:"这就可以解决问题了。"他们一整个晚上不断听见扑踏和吱吱叫的声音,然后老鼠在三天之内就完全不见了踪影。阿加莎·克里斯蒂对猫为人类所做的贡献感佩到五体投地,而此时我们也能了解猫何以那般神圣了。当人在黑暗中、在夜晚感到无助时,猫会是真正的保护者和帮手。因此,为了符合本书的主题,我将特别强调母猫、她的月亮特质、她作为保护者的意义。

埃及女神巴斯特丝毫不带有女巫特性。她的黑暗面向与亡者国度和月亮国度(也被认为就是亡者国度)有关,但她不具有任何邪恶性质,而是一个极为正面的原型象征。她与生殖力、民间庆典、音乐有关。伊西斯使用的乐器叉铃(sistrum)一向让人想到猫,而且埃及考古挖掘队也发现了许多与叉铃同葬的猫。猫之所以和音乐有关,原因在于它们会在夜晚高唱动听的情歌(现代人当然可不这么认为)。

巴斯特一向被人认为与节庆欢乐息息相关。例如,在以她为尊的庆典上,人们会乘着平底舟顺着尼罗河而下,然后女人们会背过身体、掀起裙子向岸上鼓掌欢呼的群众露出她们的臀部。这是崇奉巴斯特庆典中的欢乐时刻;生殖力崇拜、性仪式,甚至淫荡都是庆典的主题,而且全都具有正面意义，因为巴斯特丝毫不带有黑暗的女巫特质。如前面提及的，日耳曼神话也把猫和极具正面意义的芙蕾雅女神联想在一起。

直到基督教时代，猫的魔鬼面向、女巫面向才受到众人瞩目。这是父权驱逐阴性阴影面向的结果；猫从此被视为行巫术之兽、邪魔之兽或吸血鬼。人们举行仪式来吊死邪恶的猫（与迫害女巫的方式一致），并理所当然自认有能力驱逐邪恶。然而，在这些作为中，他们不过是把邪恶先投射到猫的身上，然后再以此为借口把猫吊死。猫具有十分坚强的生命力，能在最不可思议的意外中毫发无伤幸存下来。它们从高处落下时可以四脚着地，具有无比惊人的生命力。我小时候家中养了猫和狗，狗常需要去看兽医，猫却从来没有。后者总能在最可怕的状况中安然存活下来。

我们也需要提到猫的独立性格。善体人意和忠心耿耿的狗已经成为人类的贴心朋友。如果你开车到荒野并把狗遗弃在那里，大多数的狗都会死去或至少变得万分悲惨沮丧。相对之下，猫在荒野中可以轻易展开新的生活，并不需要人类为伴。猫跟人的关系从来就比不上狗跟人的密切关系。我在青少年时期常发现猫很会谄媚人而觉得它很好玩。例如，它想向我要食物或想要我抚摸时，它会直接走过来，然后翘着尾巴、依着我摩摩蹭蹭。有时候我没时间而对它说："走开，我要读书。"猫就回答一声"好吧"，然后开始用它的身体去摩搓椅子，似乎在说："你如果不摸我，我就自己摸自己，没关系的。"狗在这种情况中则会大表伤心，并会用谴责的眼神望着你。你万万不可用这种方式对待狗的。但猫只会显出"喔，算了"的表情；它绝不会把它的灵魂交到你的手中。它很友善地利用我们，但永远是独立个体。

你会发现，不独立的女人常做跟猫有关的梦，只因为她们就像忠狗一样过度依附在丈夫儿女的身上。我总会向她们强调猫的作为、猫知道自己要什么而自行其是的风格。猫在喂食时刻会走过来并对你显得十分友善。但它想离开时，它会说声"喵"，这时你就得放手让它走。把猫囚禁起来是非常不人道的事情。你可以把狗困在公寓里，但把猫困在公寓里而不让它出门，那可说残忍之至，因为猫不可缺少独立自由的活动空间。它需要四处游荡、过自己的生活。当然，如果它们乱跑而生出太多小猫，那也会造成问题，因为猫瘟就可能随之发生。猫的这个负面面向就是使它们成为猎巫历史一部分的原因。

我们现在要问：圣母玛利亚又跟猎巫历史有什么关系？荣格曾在《心理类型》一书中对此做过解释 5。在圣母信仰兴起和传播之前，有一种宫廷爱情（courtly love）现象十分盛行，宫廷男女们互相追求并建立起爱情关系，可说就是后世个人主义异性恋的滥觞。如我们所知，在宫廷爱情中，骑士会选择一个贵族女人，然后用最英勇的作为来为她服务。这位被选中的女人往往代表阿尼玛，也就是男人心目中的某种女性典范。我们都听说过若干这样的名女人。当然，宫廷爱情未必是柏拉图式的精神之爱，因此高尚的贵族圈里出现了许多某某侯爵和某某公主生下的私生子。这当然会造成许多问题，教会因此就颁布了一个属于意识世界的敕令，要求男人不得选择个别女人作为他们的爱情对象，而必须把他们的武器和英雄作为献给圣母玛利亚。

教会到处宣扬这个敕令，并因为情况严重失控而开始压制宫廷爱情。就在宫廷爱情完全遭到废止并被圣母玛利亚的信仰取代后，猎巫行动就开始出现了。荣格认为，这与宫廷爱情接纳男人的阿尼玛和女人的个别性有关。宫廷爱情属于某个骑士和某位女士的个人领域；男人选择了自己所爱的女人，因而有可能学会了解他的阿尼玛，而女人也有可能发展出她自己的个别性。在用集体原型象征——圣母玛利亚——取代个人选择后，个人因素便消失了，只有集体共有的阴性意象被保存了下来。

这比后来连集体阴性意象都加以排除、只知压制女人个别性的基督教新教信仰（Protestantism）要好得多，而西方猎巫史就是从新教开始的。如果研读女巫审判的记载，你会发现，被指控为女巫的女人一般都具有某种独立思考的能力。有些女人是穷困的疯子，例如瑞士最后一批女巫显然都具有类分裂型人格（schizoid），都是一些不停喃喃自语而显得可笑怪异的老女人，因此招来他人的心理投射而被视为女巫。在较早时代，美丽的女人或非常吸引男人的女人也会遭到迫害，原因在于她们显然引动了其他女人的嫉妒心以及男人心中的恐惧感。具有某种独特个性的女人，或跟一般女人略有差异的女人，往往就成了心理投射所认定的女巫而遭到处决。

随着时间的推进，猎巫和迫害独特的女人这两件事合流为一，并开始压抑一个事实：男人本身就有能力实现他心中阿尼玛所拥有的个别性，而不需要透过一个集体原型基模——圣母玛利亚的意象——来实现它。种种迫害随之而起，丑化猫的运动也一秒不差地在同一历史时刻展开，顿时之间猫就开始被描绘成了行巫术之兽、灾难之兽、厄运携带者等等。这种心理投射尤其会落在黑猫身上；即使在今天，人们仍然觉得撞见黑猫是恶运之兆。猫因此跟阴性本质所具有的自主性和个别性有了关系。

我们现在可以知道猫是圣母玛利亚的阴影面向。它是官方圣母玛利亚意象无从象表的阴性面向，然而这面向却属于阴性本质之完整意象的范畴。因此我们可以说，圣母玛利亚本身就具有猫的阴影面向。在我们的故事中，皇后在吃下苹果后才得以参透那藏于阴性本质深处的善与恶奥秘。与其说张力位在善与恶之间，不如说张力位在非个人的集体无意识和个人独特的生命力与天性之间。这是阴性领域中另一种常见的典型对立。因此圣母玛利亚诅咒尚未出生的女孩，要使她变成一只猫。

在童话故事中，既定的权威——上帝、三位一体之神、圣母玛利亚，甚至地狱中的魔鬼——总与小孩为敌。这意味的是，这些权威想阻碍未来发展，而这类阻滞常出现在童话故事中。体制化的上帝意象、体制化的宗教原型系统和意象都有一个危险：阻碍进一步发展。这就是圣母玛利亚的诅咒没有落在皇后身上的原因。她可以因皇后偷吃苹果而诅咒她，但她却诅咒了皇后的小孩。这代表她不想让阴性本质的新形式发展出来。女孩变成了猫，但未料这却恰好是阴性本质的新形式。

圣母玛利亚也诅咒了小孩的所有仆人，使他们跟她一起变成猫；要直等到某个王子前来割掉她的头和尾巴的那天，他们才能恢复人形。我们会在公主尾巴被割掉时再回头讨论尾巴这个意象。我觉得非常有趣的是，尾巴竟是真实力量的所在。当然这往往也是实情，例如狐狸尾巴和狼尾巴就被人认为具有强大魔法。其他许多动物的尾巴也都被认为是魔法的来源。

尽管受到诅咒，我们的猫女并没有觉得不快乐，也没有被迫过着悲惨的生活。她和她所有的仆人住在森林里的皇宫里。她有自己的生活，只是失去了人形，与人类社会失去了联系，被放逐到大自然中，不再过着人的生活。我们现在知道，故事的这一部分实与发生于十二、十三世纪的事情互相呼应：女人的个别性不再被容许存在于官方所认可的人类生活范畴，只能秘密存在而无法得见天日。

皇后返回家里，皇帝在发现她怀孕时感到十分高兴。她生了一个美丽的女孩，人人都为之欢欣鼓舞。你可以直视太阳而不会变瞎，但如果你注视这女孩，她的美丽会刺瞎你的眼睛。她正常长大，但在满十七岁那天，当她正和父亲共进午餐时，她突然变成了一头猫并和仆人们一起失去了踪影。

我们在许多童话故事中都可发现类似的情节。我在几年前研究过一个希腊童话故事，其中的公主也受到类似诅咒。在公主十六岁之前，她的生活堪称无忧无虑，但一到十六岁，她就被带往沙漠区域，必须在那里一直受苦到被人救出为止。在那个时代，十六岁应该就是女孩准备结婚的年龄。如果她人格中的爱欲较具自主性，冲突就会在她应该结婚的时候显现出来。如果她注定要成为一头猫，那就意谓：她注定要成为一个个体化、具有自主人格的女人。

皇帝的女儿当然没有选择结婚对象的自由，因为在当时的贵族社会里，女孩的结婚对象是由家人安排的。陷于冲突的公主因此突告失踪，不愿被迫接受父母所安排的结婚计划。她与生俱来的心性就是要使她的阴性本质经历个体化，而非强迫它去合入传统模式。当然，那也跟性意识萌生有关。在某种程度上，变成一头猫也许只意味着：在爱情出现前，她——如果我们现在想象她是一个真实的人——应该会一直是个未经世故、天生自主、天生与阴性本质密切联结、成长于传统环境、讨人喜爱的女孩。要直等到性意识出现的那一刻，她才发现爱情原来也是她个人必须为之做出抉择的事情。

爱情攸关我们个人命运的或好或坏。我们也许会做出错误的抉择，但爱情毕竟是个人命运，不应由集体规范来加以安排。那种安排必会引起冲突的。因此，故事中象征阴性本质的公主必须像她的猫一样，去追随或被迫去追随她的自主天性，因而在人世间消失了。如我们所知，她去了森林地区，住在森林内的皇宫里，没入无意识之中。

森林尤其会让我们联想到肉体无意识。荣格在《灵性水银》(*The Spirit Mercurius*)[6] 一文中指出：它指的是心灵的身心交会区域（psychosomatic realm）。我们在读童话故事时要小心注意，比如：如果有人消失于海上，那是指他没入集体无意识中；如果他消失于天空或淹死于河水中，那也是指他没入无意识中。我们因此有必要确切知道：公主到底消失到无意识的哪一面向去了？

我们一般都认为森林跟植物有关。正如荣格在《灵性水银》中指出的，植物生命直接来自无机物质并从后者吸收养分，是最先出现的生命形式，因此它通常象征心灵的植被区，心灵在那里融入肉体的物质作用中。我们今天称这个所在为身心交会处，因为我们已不再认为有什么东西是纯属心灵或纯属物质。这里有一个我们很少探讨的中介领域：你没入肉体，然后在那里变成植物。如果我们故事中的猫是真实人物（但她不是，而是原型），她当会陷入他人无从理解的沮丧和漠然心念中，如同植物人。但由于她是原型，那就意谓：原型已没入植物状态，走入地下，潜入人的肉体（或近乎肉体之事），然后在那里住下而不知何时可以获救。

注释

1　译注：古埃及人有时亦称女神巴斯特（Bastet）为 Bubastis。
2　译注：根据中古世纪天主教教会的指控，巫术中的魔鬼崇拜仪式包括入门为魔鬼信徒、纵欲狂欢、参加者亲吻一只为魔鬼化身之大黑猫的肛门、同性性交等等。

3 译注：阿加莎·克里斯蒂（1890—1976）为英国著名的侦探小说作家。

4 Agatha Christie, *Come, Tell Me How You Live* (London: Collins, 1946), 80–81.

5 Jung, *Psychological Types*, vol. 6, CW (Princeton, NJ: Princeton University Press, 1990), § 399.

6 Jung, Alchemical Studies, vol. 13, CW, § 241. 译按，Mercurius 一字亦指古罗马神话中集各种双重身份之主神莫丘里阿斯。炼金术士用其名字称呼金属水银（mercury），认为水银是受困或隐藏于物质中的世界创造者，其性质模棱两可，既具灵性，也具物性（或肉体性）。

| 第五章 |

众王国

亚麻布一方面与纯洁有关，一方面又与被玷污、被下蛊的可能性联结在一起。如此说来，我们酗酒皇帝所想象的阿尼玛太过于纯洁、太不切实际、太细致、太理想化、太美丽、太丝毫未受邪恶的污染。宗教审判者和猎巫者也是如此想象阿尼玛。

我们内在的种种心理过程交织成一个联结网、一个联想之网，而我们的情感过程也交织成联结网。纺织成品也多出自人的想象；它也是一种联想形式、也在做联结。心理意象之联结网可以创造人的命运；你在从事积极想象时织出的一块布之所以会与你的终极宿命有关，是因为人的无意识想象总在创造他的宿命。

当女孩变成猫并跟她的仆人一起消失时，童话故事突然喊停并转场到阳刚性质的王国，然后出现了一个新主题：

　　然后，远方有个国家，它的皇帝有三个儿子。死了妻子的皇帝早就开始酗酒。由于想打发走自己的儿子，他把他们都叫到跟前，对他们说："我命令你们完成几样事情。你们当中谁有能力，谁就得为我找到一块细亚麻布，细薄到可以让人把空气吹透它并把它穿过针眼。你们每个人都得给我带回一样礼物，好让我看看谁是最伟大的英雄。"

　　三个儿子便出发冒险去了。我们现在要分析一下这另一国度的意义。这里有一个由男性组成的四位一体（quaternity），其中的父亲因死了妻子而酗酒。皇帝一般来讲代表统治群体的最高精神原则，是群体生活的主导者，而我们的故事却在这里出现了第二个主导者。我在前面说过，不同王国有时会出现在同一个故事里，意谓某一文明已经分崩离析，以致山头林立而各有各的主导者。我们可以说，在这童话最初成形的时代，主导群体生活的第二个精神原则已经出现，但它与无生育力的阴性本质——如我们在故事前半所见者——无关，却与消失的阴性本质有关。

　　皇后已经死了，这代表什么意义？由于故事提到圣母玛利亚，这故事无疑出现于基督教——有可能是基督教新教——的时代。但新教在罗马尼亚从未扮演过任何重要角色，也从未真正融入它的文化。在故事中，我们一方面看到阴性本质失去了孕育能力，另一方面看到阴性本质遭到泯除。我认为，后者是出现于教会内部的一个新发展，因为教会已经开始与阴性本质为敌，甚至波及以至尊圣母马利亚为形式的阴性本质。教会某些圈子里出现了大声抗议的声音，认为圣母玛利亚并不值得那样备受尊崇，并认为教会不应鼓励圣母论（Mariology）的研究。举例来说，许多经院派教士（scholastic teacher）——如耶稣会教士——就不鼓励信徒崇拜圣母玛利亚。教会已逐步往两个非常不同的方向走去。在我们的故事中，我认为，第二个王国事实上象征了当时主导教会、使之进一步摒弃阴性本质的阳性宗教意识。

完全以男性观点论事的经院哲学就是很好的例子。在经院哲学的权力架构中，阴性爱欲是不存在的，以致诸多迫害异端分子的谕令得以成形。这些谕令唾弃能够联结他者的爱欲；更有甚者，它们仅与男性如何取得政治权力有关，或仅与唯智思考有关。相反的两股势力同时存在于教会中。就在教宗宣布圣母升天之际，有不少枢机主教和主教立即跳出来大大反弹。他们指责教宗、对事情的发展大表遗憾、并用十分严肃的口吻说："这不是教会目前需要做的事情，这软化了我们的立场，我们应该像花岗岩一样坚持告解之必要……"

因此，第二个王国应是一个失去阴性本质和皇帝酗酒的世界。在宗教审判的时代，那些迫害异端和女巫的男人无不神志不清，仿如狂饮了错误的灵性之酒。如果你读那时代的记载，你会发现那些男人莫不深信自己就是正义的化身、正在为这世界铲除邪恶。这种错误的灵性——就像酗酒问题——多半跟人失去真实灵性有关。因此酗酒行为实际上表明了一个事实：男人在阿尼玛退化、自觉无力时会不顾一切寻求灵性的替代品。

酗酒到最后，男人会自觉是悲剧主角，因而变得十分善感、脆弱不堪、满腹怨言牢骚、讲恶毒的话、然后心理崩溃。他们受到阿尼玛的挟持，因而任凭情绪摆布他们。如果没酒可喝，他们会觉得沮丧并充满恨意，然后他们的被弃情结就开始发言："没人爱我；我喝酒，是因为没有人爱我；我喝酒，是因为我悲伤到只想喝酒。"这是他们负面阿尼玛所讲出的话。当然，这情况只会发生在悲惨、极端的个案上，但你在此也可以发现阿尼玛是如何因酗酒而退化的。失去阿尼玛的男人无从与人在情感上联结，因此他们现在毫无感情关系可言。是退化的阿尼玛造成酗酒，还是酗酒造成阿尼玛的退化？我们不知道答案。不管何者是始作俑者，酗酒和退化的阿尼玛总会一起出现。我们的皇帝现在想赶走他的三个儿子。

国王或皇帝常会派他们的儿子去完成某些任务。但他之所以这么做，通常是因为他不知道该让哪个儿子来继承王位，只好借完成任务与否来决定谁是继承者。我们的皇帝后来也这么做，但此刻还没有。他可能醉醺醺到根本不知道自己怀有什么目的，因此故事只说他为了打发儿子而派任务给他们。他不再是丈夫，也不再是真正的父亲。也许儿子们有时会说："爸爸，不要喝那么多！"也许他们会拿开他的酒瓶，使他因此心生不满而想把他们赶走。我们再次看到：停滞不前的老化阳性本质不想再跟未来可能性（他的儿子们）合作。他宁可阻碍那可能性，并压制任何可以导向未来的事物。但皇帝还算拥有某种颇具创意的幻想：他要他们带回细亚麻布给他。

亚麻是一种纯植物纤维，因而在古时被用来制作成教士和法师的衣物。在日耳曼民族——如挪威——和凯尔特民族的宫廷里，它被当作辟邪之物。鬼（尤其水中幽灵）据说能洗涤和漂白亚麻。某些故事里的侏儒和森林少女穿着亚麻布衣服，有时也会把亚麻布当成重礼赠送他人，或把亚麻布块变成金块。如果亚麻布是由一个女性水中幽灵赠送的，人将可源源不绝使用它，因为每次使用后，它总会留下一码，然后会有个蛙形小幽灵坐在那一码上面。亚麻常象征薄云，而后者又象征灵性。亚麻具有疗愈功能，如爱尔兰人会用纯亚麻布先行包裹将要使用的特殊药物。亚麻布也可直接当作药品，或被用来移转或捕捉疾病，例如，人们会把亚麻布敷在疣上或其他受感染的皮肤区域，再将它放入棺材里。在德国布兰登堡，新生婴儿必须被裹在纯亚麻布里，否则他（她）以后会忙于追逐异性。

就我们的故事来讲，捷克人会把小孩包裹在亚麻布里，然后把孩子放在桌下，希望他（她）会成为聪明的人。德国北方的人会在新年夜晚，拿着继承来的或裹尸用的白色亚麻布去卜问未来；梦见白色物件（也就是梦见亚麻布）就意谓死亡将至。在罗马尼亚的传统中，梦见亚麻布意谓人将要远行，而亚麻布是否摊开或卷起会分别代表不一样的重要意义。

就我们的故事来讲，由于故事特别强调了亚麻布的细致和透明，因此它属于神灵世界而且和灵性世界有关。我们也常在其他故事中发现亚麻跟某些女性神灵有密切的关系，因此我们也可把它当成万物之母的必用物品。只要想一想以纺织为主要特色的万物之母——例如编织命运的三女神（北欧神话称之为 three Norns，罗马神话称之为 Parques）——我们就会发现，这故事中的细亚麻布也意指了某种特殊命运，某种在灵性领域内被纺织而成、以治疗时代之病为其灵性目标的天命。

在格林童话《三片羽毛》（*The Three Feathers*）中，国王派他的儿子们去寻找亚麻布，找到它的人就可以继承王位 [1]。但当他们把亚麻布带到他跟前时，他说那只是个开始，他们还必须找到最美丽的新娘。那故事中的亚麻布只意谓人与阴性本质有了初步联结，仅是一条让人可依循着去找到美丽新娘——阴性本质之象征——的线索。

我们的故事则出现了中断，使上述母题无以发展。失去妻子的酗酒皇帝想得到亚麻布，这代表什么意义？亚麻布和命运（fate）、宿命（destiny）、阴性本质有关。相较于羊毛，它是植物性的东西，因而十分纯净。毕达哥拉斯及其追随者（the Pythagoreans）只穿亚麻布衣服，绝不穿羊毛或羊皮制的衣物 [2]。这也跟它的透气性有关——它能移转或祛除疾病。但愈纯净的事物也就愈容易受到玷污。有些民间信仰就持有类似的看法，认为纯洁的小羊最容易被女巫施以法术。对农业社会来讲，最容易被下蛊的就是牛奶，而牛奶象征了无邪和纯洁的思想。

因此，亚麻布一方面与纯洁有关，一方面又与被玷污、被下蛊的可能性联结在一起。如此说来，我们酗酒皇帝所想象的阿尼玛很可能太过于纯洁、太不切实际、太细致、太理想化、太美丽、太丝毫未受邪恶的污染。宗教审判者和猎巫者也是如此想象阿尼玛。你如果曾跟这些迫害者谈过话，你会发现他们一再强调：女人必须纯洁、女人必须严守贞操、女人必须服从她们的丈夫。他们用严苛而毫无人性的理想标准去要求女性，并认定任何不合这种理想的女人就是女巫。这也让我们看到，人如果越是具有这种谬误的纯洁幻想，魔鬼、死亡和邪恶就越容易渗入这幻想。这情形不仅发生在中古世纪教会的身上，也发生在（举例来讲）十九世纪英国盎格鲁撒克逊人的高尚社会里。这高尚社会讲求理想"淑女"：淑女不说脏话，不生气，甚至不晓得她身上长了肚子和生殖器。淑女不能谈这类事情，因为"肚子"是禁忌字眼，不可从她的嘴巴冒出来。这就是亚麻布，就是男人幻想中的阿尼玛。想依照这理想做人处事的女人真是苦不堪言。我们许多人在成长期间或许都曾被要求成为淑女——回想起那些往事，多让人不胜唏嘘啊！

在这背后指使一切的是一个好色老男人、一个邪恶酒鬼。在有了一个美丽的媳妇后，他所做的最聪明之事就是在她身后伸出魔爪，跟那些满怀淑女幻想、但满肚子龌龊的上流社会男士们毫无两样。从皇帝在故事末的行为举止来看，他就是个龌龊老头，但他却多情兮兮地幻想着淑女。我认为这并不值得我们多予置评。在基督教发展的晚期，纯洁、理想淑女的想象支配了男性心理，而同一时候，无所不在的地下嫖妓文化让男人们可以背着他们的阿尼玛乐活逍遥。他们娶淑女为妻之后就往妓院跑，因为跟淑女一起生活显然不是多么有趣的事情。可以说，在我们的文明中以及在男人的阿尼玛幻想中，阴性意象根本不具有完整性。不仅男人的阿尼玛不完整，女人自己也不完整，因为她们无从做自己，只能依照着集体思维去做人处事。

任何纺织品都是一张织图。德国人会使用"被纺织成的生命形式""命运之织线""生命之织线"这些表达用语。但心理学家会怎么称呼它？爱欲会在个人和他人之间织出连线，但也在个人内心织出联结。"联结"（connection）是一个很恰当的用词，例如，我们所说的"联想之网"（web of associations），是指称一个由原型之所有衍生意义形成的联结网。这些意义全部互相联结和交织在一起，而荣格之所以会说原型都受到污染（contaminated），理由无他：拉丁字 Contaminare 的意思就是"交织"。我们内在的种种心理过程交织成一个联结网、一个联想之网，而我们的情感过程也交织成联结网。我们做出无数联结，但多半通过想象中的意象做联结。纺织成品也多出自人的想象，也是一种联想形式，也在做联结。心理意象之联结网可以创造人的命运。你在从事积极想象时织出的一块布之所以会与你的宿命有关，是因为人的无意识想象总在创造他的宿命。

宿命之网是由人自己的无意识想象所织成的。在分析治疗中，有些病人会抱怨坏运道一直跟随着他们：他们总遇不到好的同事或朋友、找不到对的工作、做出错误的选择等等。如果更深入分析他们，你就会发现他们不断告诉自己："我向来就知道会出问题；我就是知道。"他们的阿尼姆斯或阿尼玛早已编结好了一个想象，也就是好运永不可能降临在他们身上。那就像一个诅咒、一个他们注定要做错事的宿命。当他们从一个不好的情况进到另一个不好的情况时，他们总有一种感觉："我早就知道事情会很糟糕，我不可能有好运道的，我总跟坏事有缘。"如果你能从他们心底钓出这类具有破坏力的想象、使他们能察觉到它，你才有可能破除那魔法，让厄运不再发生在他们身上。总而言之，纺织之意象跟具有心理暗示力的无意识联想、无意识想象有关，也跟我已经提到的所有原型衍生意义有关。

我们故事中的三个儿子离开了皇宫。在分手前，他们为最后的相聚办了一席惜别盛宴，然后就各自上路了。第一个儿子到了一个让他找不到东西吃而挨饿的地方，但他有一匹马并和马一起存活了下来。俄国有一个跟这很相似的童话故事：沙皇的三个儿子出门上路后来到一个告示牌那里，上面写着："向右方骑去的人会挨饿，但他的马会有足够的食物吃。向左方骑去的人会有足够的食物吃，但他的马会挨饿。向前直骑而去的人会遇到死亡。"[3] 长子向右方骑去，然后带回一条铜蛇给他父亲，却因此被赶出了家门。次子向左方骑去，结果找到一家妓院并爱上了一个妓女，从此就没有回家过。最小的儿子往前方直骑而去，历经险难后终于成为沙皇。他是故事主角；他只经历了象征性的死亡，并没有真正死去。

我们故事的母题实际上跟这俄国童话故事的母题是一样的，但并不那么明显。长子去到一个让他因找不到东西吃而挨饿的地方，但他有一匹马。这匹马有东西可吃，因此他继续前进，结果只找到一条小狗。次子有东西可吃，但他的马没有。他找到一小块亚麻布——如果使尽力气的话，人可以设法把这块亚麻布穿过针眼。三子在森林里遇到可怕的暴风雨而迷了路，跟俄国故事里遇到挑战的主角非常相似，但他的成就是找到公主、美丽的玛利亚。向右方骑去的人没东西吃，但他的马有，因此他找到的东西不多。向左方骑去的人有东西吃，但他的马没有，因此他找到的东西也不多。

骑马者和马象征的是：一个由动物本能载着行动的人。我们的次结构体（sub-structure）——也就是我们身体——是动物，而马就是这次结构体生命力的象征。人如果梦见受伤或生病的马，他们往往也会生病。他们的身体之所以会出问题，是因为在象征意义上，马／身体是他们灵魂的载具。马也跟生命力有关；我们至今仍用"马力"一词来作为汽车动力的测量单位。也正因为如此，汽车常在现代人的梦中扮演起身体的角色，也就是灵魂载具的角色。曾有一次，在学期结束时深感疲惫的我梦见我的老车在翻滚，但开车的是别人。我在梦中对自己说："啊，那可怜的东西该进修车厂了。"就在那一刹那，我体会到了一件事：我应该放假休息一下才是；如果继续工作，我很可能会感冒或生起别的病来。无意识这时正借着汽车对我说明我乘的那匹马——我身体——的状况。

如果你往右走，那代表你追随的是意识。长子没东西可吃，但他的马有。他有意识地选择自己挨饿而让马能继续行走。我认为，选择路向意味的就是决定生活方式：往后要用什么方式继续前进？由于他选择自己不食而让他的马吃饱，我想他选择了一条物质主义的道路；他只在意财富和健康的身体。他的马——他的身体——吃得很饱，但他的心灵却没有东西可吃。这可以说就是"何处有利，我就往何处去"（ubi ben ibi patria）的态度，不以为灵性之事有什么重要性。因此，长子只找到一条小狗，正符合了他的想望。

次子有东西可吃，但他的马没有。他应该是个唯心主义者（aesthete），会认为灵性意义和情感关系最重要，因而忽略自己的身体和物质需要。他找到某种亚麻布，尽管非常粗糙。这证明了我们的一个看法：亚麻布代表了高尚贵族的阿尼玛理想、唯心禁欲的阿尼玛理想、向阴性本质投射过去的淑女幻想。当男人娶了淑女，他的马也许没有东西可吃，但他可以很骄傲地向来访宾客炫耀自己的妻子。即使他的马饿得发慌，他仍可满足自己人格的另一面需求。

最小的弟弟直往中道前去，因而得以走在两极中间而不偏不倚。他不曾容许自己被诱入黑白分明的、唯物或唯心的偏颇当中，只直走在两极之间的中道上。突然间，这中道把他带到黑暗的森林里，在那里他将找到猫宫。他深入无意识（也就是无意识的植被区），在那里遇到伸手不见五指的暴风雨而倍感害怕和绝望。大雨下了三天三夜，四周尽是一片漆黑。第三天早晨，闪电照亮了整片森林，让他发现眼前有一座皇宫。他说："我要直接走进那皇宫。无论会发生什么事，我已经没力气再走下去了。"

我们现在要来讨论雨的象征意义。我们大多数人最熟知的可怕暴风雨就是圣经所描述的大洪水。那洪水是愤怒的上帝为了毁灭人类而发动的。如果有人梦到洪水，你或许会立下结论说那是上帝在发怒，但如果用心理学角度来看，那又会指什么？人为何会梦见发怒的上帝？发生了什么事

公主变成猫：如何激发你的潜意识力量？

情？首先，我们必须指出上帝就是自性的意象。因此，梦见上帝发怒，那意味的是：集体无意识正在蓄势待发——由于集体的意识作为充满不谐和纷争，无意识正在盘算如何发动一场大破坏。今天的世界就处于这种状况，而无意识正在兴味盎然地暗思如何摧毁人类。这就是接受分析的病人常会大量梦见恐怖灾难——原子弹爆炸、世界末日——的原因。

我们必须严肃看待这类梦境，因为它们有可能就是世界末日的预言，但是——如果我们再次幸运逃过一劫——它们也可能意谓：由于无知的我们过度忽略无意识，无意识因此已打算毁灭全体人类。不被人类聆听的无意识已经蓄满怒气，有如当年因犹太人不遵守十诫而爆发、导致大洪水泛滥的上帝之怒。套用现代的说法，当年的犹太人并没有追随无意识内深具意义的汹涌暗潮去行事。他们没有关注集体无意识蓄积起来的巨大能量，因而得罪无意识，以致淹死在无意识的洪流中。人如果得罪无意识，就会被无意识控制。梦见洪水的人不是陷入沮丧，就是陷入无所适从的状态。但同样常见的，他也会陷入中邪或意识形态（主义或口号）缠身的状态。这些都是可怕的溺水经验，而柯梅尼就是这样一个头脸没入水中的溺水者。

我刚才先指出了雨水的负面意义，但液体（solutio）这一观念也正面带有各种与滋养有关的联想。雨水较常被人诠释为万物生长所需的甘霖，例如，埃及人相信促成谷物丰收的就是泛滥的尼罗河河水。希腊人认为雨水来自天神宙斯和大地女神德墨忒尔（Demeter）的爱拥，是一种两极结合后的产物。《易经》中也有许多"遇雨则吉"一类的爻辞。因此，实际上来讲，雨水降下后，问题就可得解（solution）。Solution 一字含有多重语义，可意指炼金术使用的溶液或问题的稀释（dissolution）——也就是把互相硬抗而累聚张力的两极事物融合为一，使张力获得释放。人之所以会在雷雨后感到十分畅意，原因就在于此。如果在雷雨后到野地散步，你一定会觉得全身轻松无比。我常想及一个现象：人在暴风雨前紧绷神经，以致头痛了起来，甚至连他的狗也跟着一起坐立不安；但一旦下雨以及在雨歇之后，他就会立即感觉自己走进了阳光之中、沐浴在一种万物更新和大地重生的感受里。我们故事中的暴风雨有雷和闪电，因此能释放出更大的张压。两极汇集在一起，创造了雨水，然后稀释了张力。

看到雷电的闪光，那意味人获得了洞视灼见，也就是面对面见到了整体的宇宙结构或神性结构。一道闪光让你看见了一切。有过这种闪电经验的雅各·布姆（Jakob Boehme）花了十数年时间为文描述他在一道闪光中、在刹那间真真实实见到的事情⁴。因此闪电跟启示——来自无意识的突然悟见——有关。萨满信仰中的巫师总跟闪电有关系的原因也在于此，比如因纽特人的某些部落会认为：遭雷击而未死或与雷击擦身而过（雷只劈到他身旁），那即是当事人有资格成为巫师的征兆。

因此，遭逢雷劈或离雷劈很近都意谓神灵看中了你。希腊主神宙斯和罗马主神朱庇特（Jupiter）都会掷出闪电，以之兆示最高上帝将要采取行动，而至今许多人仍然对此深信不疑。荣格在伯恩高地（Bernese Highlands）萨能小镇（Sarnen）度假时，闪电击中了当地的教堂。一个农夫说："如果祂想放火烧掉自己的房子，我可不愿意出钱来盖新的教堂。"由此可见，许多人仍然相信闪电是上帝旨意的显现，是上帝发怒或赐福的预告，或是祂想选择某人或启示某人的兆示。

在我们的故事中，闪电显然也代表启示，因为皇子突然见到了猫宫。后来那只猫也是在闪电中出现于皇殿之上；她总是在雷雨中来到。猫是水手们最爱的动物。所有船只上的猫显然都是水手们带上去的，因为猫的皮肤在雷雨中会导电，一旦事有不妙时，猫就会把大雷雨导引出来。人会梦见雷雨，或常说"那人在房里暴跳如雷""父亲在餐桌上大发雷霆"之类的话。雷雨指情绪爆发，但也带有启示之意——往往，突发的洞见和起伏震荡的情绪会同时发生。猫、黑暗的阴性本质跟这有何关系？要帮助男人成长，女人能做什么？

曾住在地底、面临人口过多问题的霍皮人（Hopi）最喜欢讲下面这个故事。由于霍皮男人无心解决人口过多的问题，忍无可忍的霍皮女人只好强逼所有霍皮人爬到较高的地方。他们安顿下来后，一切都很称心如意，但人口过多的问题再度发生了，而男人们照样不思解决之道。若非女人开始变得不可理喻、从早到晚跟男人争闹不休、逼迫他们采取行动，霍皮人的人口问题一定会到今天都还没办法解决。我们今天的情况跟这非常相似：真正使男人无法醒悟察觉阿尼玛问题的，就是那些遵从淑女教条、不敢大声说话、只想效法圣母玛利亚的女人。如果她们不知偶尔大发雷霆，她们的丈夫将永远醒不过来，而且将永远无法获得任何启示。

我们的英雄在大雷雨中、在动荡的气流中突然看见了猫宫，并意识到他必须走进那里。他看到一个奇怪的东西、一块挂在城墙上像鹿腿的肉。但那事实上并不是肉，而是用绿宝石和其他宝石做成的东西。他爬上城墙去拿肉，但他的腿被勾住了，就像被陷阱勾住一样。就在那时，他听见钟声响起，因而在害怕中跌落到地面，然后一扇门随之打开并有人走了过来。我们可以说，他之前完全被那块用宝石做成的假肉给吸引住了。他饿得只想吃肉，但他触碰到的是宝石，是这些宝石勾住了他的脚。他然后走进猫宫里。

我们还没有用适当视角去诠释发生于这段情节之前的事情。你可以抽象诠释不同母题，找出它们之间的关系，看来似乎完全依循了故事上下文的顺序，但之后你必须自问："这在实际生活里有何意义？实际上发生了什么事情？"因此，我在这里想要先谈一下"肉块"这个母题——这像诱饵的肉块在我们的主角进皇宫时掳获了他。然后我要回头去看：是什么让这奇特、未曾出现在其他童话故事中的母题得以出现的？我们的主角饿得发慌，因而打算爬上城墙去拿那块肉。但在靠近时，他发现那不是肉，而是由各种宝石做成的一块肉形物。他的脚在碰触它时被它勾住，于是他像鱼一样倒挂在那里，后来才跌落到地面。当城墙下方的一扇门随之打开后，他就被拉进了猫宫里。

英文——颇为不幸的——把肉体（flesh）和肉类（meat）分为两个字[5]。德文只用一个字来称呼这两者：Fleisch。圣经一再提到肉体欲望（fleshly desire）、活在肉体里（living in the flesh）这些观念。盎格鲁撒克逊人称猪为 pig，但当他们吃猪时，他们称之为 pork。他们称羊为 sheep，但当他们吃羊时，他们称之为 mutton。我认为这相当伪善，因为他们只想掩饰一个事实：他们吃的是真猪和真羊。"羊肉"是没生命的东西，因此可让人忘掉杀害的行为。法国人也同样用viande（肉类）和chair（活的肉体）两个有别的字眼。对德国人来讲，两者并没什么差别，而且真的没有差别。肉类就是动物的一部分肉体，而且我们赖以生存的就是动物肉体——那是我们的基本营养来源之一。在某个演化点上，我们的猿猴祖先开始从素食变成了肉食动物，从此无所不吃，而且我们至今仍然保留了这种习性。

我们多少知道"肉体"有何衍生意义，因此我在此不会对它多做讨论，虽然我们将发现肉体的意义并不单纯、反而带有某种神秘性质。从表面来看，它是物质事物，是我们真实存在的血肉之躯。我们的皇子是因肉体之故而饿得发慌。如果我们认为这故事与救赎阴性本质——尤其圣母玛利亚的阴影面向——有关，那么肉体为饵这母题就让人更觉得其中必有深意了。圣母玛利亚一向与肉体无关，在圣像中也从未坦身露体过。她的身体总被遮蔽在衣物之下，小心翼翼地被隐藏了起来。从基督教的观点来看，肉体就是阴性本质中未获救赎的阴影面向。到目前为止，我们的主角天真且自然地渴望那块肉，很轻易地就受到了引诱。我们可以说，猫就是通过他的肉体欲望掳获了他——就男人而言，这可说再自然也不过了。阿尼玛一般都以肉体欲望、性幻想的形式出现在

　　　　　　　公主变成猫：如何激发你的潜意识力量？

男人心中；但当男人跟着这欲望或幻想前往时，他会发现那并非肉体，却是肉体的幻相，甚至实际上是一堆宝石。

那是非常诱人又恼人的局面，但我现在对此要略过不谈。我们知道，就男人而言，这故事跟如何救赎阿尼玛、如何使之成为男性意识的一部分有关；就女人而言，它则与阴性本质的救赎有关。肉块（已死的肉体）只是无意识用以挑逗人、然后迅速收回的假象。我们也必须强调肉块与死亡的关系。如果在男人眼中，阿尼玛和女性肉体只是他可以食用的死肉，那么阿尼玛和女性肉体可说就毫无价值可言。如果男人视女人为可口的牛排，他会与他的阿尼玛擦肩而过而不认识她。由于我们的主角注定要去救赎阿尼玛，他的无意识做了一件很正确的事：从他那里收回阿尼玛、用它引诱他后又将之收回。无意识挑动他的欲望，是为了让他明了：那东西虽然看似他所渴望的东西，事实上并不是。无意识说："看，宝石才是真实的！"但以他当时饥饿难忍的心情来讲，他当然只会感到生气。随后让人不解的事情发生了：他的脚被钩在那些宝石上。我们自然会想象他的反应是："啊，可恶，这对我的情况一无帮助，算了！"但他却被魔法逮住了，无法脱身，有如一条挂在饵钩上的鱼。我现在要用扩大对照法（amplification）来解释这一点[6]。

在格林童话中，有一则傻子拿到金鹅的故事[7]。他经过一座村庄时，每个人都想摸那只鹅，想知道鹅是死的、还是活的，而且他们的目光全被那金色给吸引住了。客栈老板的女儿是第一个摸鹅的人，接着她的妹妹们也有样学样，再接着牧师过来摸了最后一个女孩，最后所有村民全都聚集到了那里、全部黏在一起。于是一行人一个紧跟一个地在路上前进，每个人都神奇地依附在金鹅身上。这故事还跟一个国王以及他始终闷闷不乐的女儿有关。国王宣布：有谁能让他的女儿微笑，那人就可以继承他的王国。当公主看到傻子带着一群黏在金鹅身上的人走过来时，她立即哈哈大笑不已，就这样获得了救赎。这是个很好玩、但意义不深的童话故事。但对我们的故事而言，它很重要，因为它触及了"魔幻依附"（magical attachment）这个观念。

在心理意义上，依附是指：在某些情况下，由于不自觉地为某事着迷，人因此失去了自主意志而依附在最愚蠢的事情上。这足可让我们发现阿尼玛所能之事的更深意义。阿尼玛就是印度人所说的幻相女神（Maya）[8]，现在正通过我们主角的不自觉着迷掳获了他，使他的脚被勾住而无法脱身。虽然他发现眼前的东西并不是他想要的，但他退却不得。他这时很像塔罗牌中那个倒挂着的笨蛋。他原来的主要目的是："我会把双脚踏在实地上，但现在我饿了，我想好好吃块肉。"然而那块肉却是由各种宝石做成的。他的头随后突然倒转到下方，让他好生恼怒，却动弹不得。

就在那一刻，他听到钟声并随之跌落到地面上。他看见一扇门被一只手打开来，于是说："不管会发生什么事，我还是进去吧。"他四处走了一圈，只看到一张椅子和一张其上有根蜡烛的桌子。他说："我要进去休息一下，因为我全身被雨水淋湿了。"随后他经历到启蒙所必要的一切折磨，最后才得以接近猫女。

谈完故事的这一段后，我现在要回头谈这之前所发生的事情。之前我们看到，酗酒的皇帝要求他三个儿子带块细致到可以穿过针眼的亚麻布给他。我们现在已知道这样的织布与无意识中的想象（即创造命运的无意识想象）有关。构成个人宿命之网的就是这种想象，也就是说，个人宿命其实是由个人内在生命的想象创造出来的。酗酒的老皇帝怀有一个高尚而精微的幻想意象：一块细致到可以穿过针眼的亚麻布。亚麻布这个意象属于阴性；就像印度哲学所说的幻相之网，它所象征的联想之网因此具有创造生命／命运的能力。再回头一想，我们却发现，老皇帝并未拥有这个幻想；他只是渴望拥有它、渴望拥有一个具有正面意义的幻想。但我们在故事结尾发现，他的行为非常可鄙，因而必须被打败，甚至被杀、或至少被剥夺一切权力。因此，单单怀有正面意义的幻想并不足以为恃。但无论如何，那幻想毕竟促使他的三个儿子上了路。

当老化的意识主导原则（国王）怀有正确的愿望幻想、却无法获致那幻想并犯错连连而告失败时，我们当如何诠释那老化的原则？答案应该非常明显。但在实际生活里，如果社会或世界的主导者抱有出发点正确的愿望，而且所愿之事也已成真，这时却做出偏差的事情，那又如何？我们的世界现在可说就面临了这种问题。

我认为，今天世上的所有强权都会一致同意如下的理想：人类必须更加保护大自然、必须更加和睦相处等等。报章杂志也纷纷提出告诫，要我们不可剥削地球，要我们重拾简朴生活、以便和大自然建立更融洽的关系。它们还说：我们的科技有违人性，因此我们必须重新重视人际关系和具有创意的个人想象力，并要加强保障个人自由而不容政府大肆扩张其权力范围。然而，拥有这些愿望幻想绝不意谓我们已经实现了它们。每个人都抱有这些幻想——它们甚至也存在于旧制度、旧社会里。年轻人并非是唯一持有这些要求的理想主义者。你如果给八十岁的老人做心理分析，你会发现他们也表达同样的想望。老人一般都持有合理的愿望幻想，但他们不知该如何着手去实现这些愿望。年老皇帝的问题就在于：当他必须采取实际行动时，他无所适从，因为他的妻子死了。

他的妻子死了——这是什么意思？什么是阴性本质？如果我们说皇帝的阿尼玛死了，那是指社会以阳性为尊，而阴性本质就是这社会失去的阿尼玛。我想说的重点是：使事情能够成真、获得实现的就是男人的阿尼玛和女人的阴性本质。男人没有妻子，是指：他或许拥有最崇高美好的理想，但临到要实现它们时，他全然不知所措，因为唯有阴性本质才能实现它们。男人能授精以制造小孩，但生下小孩而使之成为生命实体的是女人。如果一个男人的阿尼玛死了、如果他碰触不到他内心的阴性本质，他也许能成为世上最伟大的理想主义者、拥有改革世界的最美好计划，但临到要实现这些计划时，他会茫然不知所措。

年老的皇帝就是这样。他因丧妻而绝望，因此开始酗酒，仿如一个落魄的理想主义者。男人若曾妥善发展他的阿尼玛，他会拥有良好的人际关系，因而较容易找到实现理想的机会。他的眼睛不会只看到委员会，还会看到人，而理想的实现端赖于人，绝非委员会和报章的言论。发展阴性本质的目的就是要实现理想。唯有如此，男人的幻想才能具有正面价值；他也才能在人际关系中看到实现理想的机会。

你可以拥有世上最好的制度，但如果其中的人彼此互不相干，这制度是毫无用处的。一群最优秀的科学家组成团队，但如果他们彼此互怀敌意，他们绝无可能做出有成果的研究。

阿尼玛发展不足的地方向来都没有生产力。且想一想我们前面提到的故事《三片羽毛》，其中的国王最初只要求他三个儿子去寻找极细的亚麻布。当他们把亚麻布拿给他时，他说："现在我要你们每个人去带回一个最美丽的新娘。"你看，年老的国王此刻正要从幻想移到幻想的实现。他仿佛在说："首先我们必须要有一张网、一个可以创造生命的幻想，但然后我们还必须实现这幻想。"这故事有个美好的结局，但我们的故事并没有。皇帝一看到那美丽的女人，就想占有她，以致破坏了大局。我们稍后再讨论这一点。

由于失去了妻子，皇帝因此无从实现他原本具有正面意义的理想（幻想）。我们由此也可了解为何长子找到一条狗、次子找到一小块粗织布（也就是一张粗网）。虽然这两个兄弟后来在故事中不再扮演重要的角色，我们还是要问：为何他们当中一个找到的是父亲所要、但不够好的小块粗麻布，另一个找到的则是一条小狗？

请记住：这故事的方向和目标是救赎阴性本质。我想说的是，相较于皇帝心目中的理想亚麻布，这小块粗麻布只不过具有粗糙的生命外观，就好比一个政治人物怀抱着理想抱负，但他竟然说："啊，算了，搞政治的人要务实；我们能做什么，就做什么吧。"这就是粗糙的敷衍行事。由于做事者没有把灵魂注入理想，理想便随之失去了真实价值。

那块粗麻布没有生命可言，仅是寻常普通、无足轻重的麻布，最后不知所终。我们可以说，次子找到了一个与他理想近似的东西，但他不在乎它有所不足："好吧，现实大概就是这样，你不可能再找到更好的东西了。"

"以狗为伴"意谓了盲目而欠缺思考的忠心耿耿。荣格常说，相信婚姻制度的是男人，而非女人。女人之所以向来不信任婚姻制度，是因为她们只把热情投注在情感关系上；关系才是她们想要的东西。但男人却常怀着一种非常感性的想法。即使跟妻子无法相处，他仍会始终认定她是他的妻子。我看过不少这种悲剧。男人娶了一个与他完全不合的女人，然后爱上一个比较适合他的女人，但他仍然会感性地认为："我的妻子永远是我的妻子，我不能跟她离婚。"就算他们没有孩子，他也会如此坚持。这就是我们在狗身上所看到、出于惯性的忠诚。

我认识一个男人；他为了讨论离婚之事，去了律师事务所达十次之多，但临到必须跟老婆讨论这档事时，他紧张得不知如何是好。他犹豫来、犹豫去，另一个十五年就这样过去了，但他早已对妻子不怀一丝爱情。他并没有不自觉地还爱着对方；他只是像狗一样、感性兮兮地依附在这婚姻上。他其实也依附在过时的传统规范上："离婚很丢人现眼，不是一个人该做的事情。"女人在这方面就大胆多了。她们也许会喜欢婚姻制度，但先决条件是她们在这制度中觉得幸福。如果她们觉得不幸福，她们就会马上生出许多有违传统的想法来。女人比男人更容易摆脱人格面具的考量。

我们可以说，无论往右或往左，这两条路都会导向意义阙如和听天由命。狗会用"啊，我们可以将就住在同一个屋檐下"取代真实的相属感，然后继续忠心耿耿下去。粗麻布会想："我们大致还合得来。她虽不是我年轻时梦想的真爱，但我们还算可以相处。"这样的男人可说埋葬了他的阿尼玛理想，或埋葬了阿尼玛真正想在他身上寻见的东西。他若不是放弃理想，就是成为愚忠之狗。

注释

1　Grimm & Grimm, *Grimm's Fairy Tale*, 319−321.

2　译注：毕达哥拉斯（约公元前570-495）为古希腊数学家、哲学家及音乐理论家。

3　Friedrich von der Leyen, *Russische Volksmärchen*, in *Die Märchen der Weltliteratur* (Dusseldorf: Eugen Diederichs, 1959).

4　Jung, *Archetypes and the Collective Unconscious*, 2nd ed., vol. 9/I, *CW* (Princeton, NJ: Princeton University Press, 1980), § 534.

5　原书编注：本书文字系以冯·法兰兹以英文发表的演讲为根据。

6　译注：意指在诠释某童话故事时，参照并比较宗教、神话、炼金术、其他童话故事等的类似情节和意象，借以找出该故事母题的丰富原型意含并将之置于集体无意识的脉络中。

7　Grimm and Grimm, "The Golden Goose", *Grimm's Fairy Tales,* 322−325.

8　译注：在印度语中，Maya 意指魔术幻相（magic）。

| 第六章 |

猫宫

他们知道，一个不再被人信仰、不再被人意识到的神可以说已经死亡；一个无人相信、无人用其名义祈祷、无人记挂的神等于不存在。一个不再尊敬、信仰或供养原型的社会之所以会充满各种替代品、各种病态可笑的政治诉求、各种"主义"、各种致瘾药物，其原因就在于此。

　　由于不再受人信仰的神已经失去生命力和感动力、已经麻木不遂而无能作为（因为人的意识已不再运载祂们），人心自然而然就被一切具有毁灭性的事物给霸占住了。

被肉形宝石困住的皇子最先遇到的是大雷雨。大雷雨——如我在前面所做的诠释——可以化解／释放两极冲突所形成的张力。闪电是两极冲突的结果，雨水则是化解者。我们现在可以更明确指出所谓的两极是什么：一是促使他上路的亚麻布幻想，另一则是与幻想全然不同的真相。他现在发现自己这一路上都追随着他父亲所想象的理想，却一无所获。在心灵之植被区流浪的他现在面临了冲突。他望"肉"而不可得，但就在他动弹不得之际，钟声响起，他也随即应声跌到地面上，仿佛被震醒了过来而得以脱离肉饵的诱惑。最后他被一把抓住、被带进了皇宫里。

钟是许多宗教仪式都会使用的东西：基督教教堂内的钟、弥撒礼拜使用的小钟、藏传佛教和其他佛教宗派使用的钟等等，不一而足。不同的宗教会赋予钟不同的含意，但大体来讲，钟在各地都具有驱魔的功能，因为魔鬼无法忍受钟声并痛恨它。另一方面，钟声在重要场合里可以聚集注意力。在弥撒礼拜中，在面包和水变成基督圣体、基督随之降临的那一转折刹那，钟声便会响起，指出重要时刻的来到。人们不会在弥撒过程中放警报说："现在请大家注意，神圣之事就要发生了！"这就是我认为钟声可以聚集或召唤注意力的原因。

教堂钟楼里的钟如今会为了划分时间而每小时报时一次；这跟时间已失神圣性质很有关系。在钟刚被发明并逐渐被广泛使用的十五、十六、十七世纪，你只会在修道院和教堂看到钟。举例来说，如果去读十五世纪神学家尼可拉斯·库斯（Nicolaus Cusanus）的著作，你会发现，当时的人认为钟是宇宙的象征，甚至是上帝的象征，因为钟就是曼陀罗或时间曼陀罗。在人们的观念里，钟能标示神圣时刻，而这就是一天中某些时刻特具神圣意义、特别适合举行葬礼或庆祝出生等重要事件的原因。

要直到笛卡尔以后，人们才渐渐把宇宙想象为一个机械钟。爱因斯坦也用这观念来对抗量子物理学。在一个有如机械钟、凡事都依照既定规则进行的宇宙里，上帝是没有自由可言的。笛卡尔虽仍认为上帝存在于这个机械宇宙中，但他说："上帝订立了这些规则，因此祂不可能还想打破它们。"这也就是说，上帝先创造了一个机器，然后让自己受困在其中，从此再也无法改变这机器了。中古世纪的上帝却不是这个样子，因为祂时时都在干预时间的运作。在圣经中，先知约书亚能使太阳静止不动：犹太王希西家生病时，约书亚让时间停顿了十五个小时。上帝或神迹可以随时干预时间，时间并不是一个滴答作响、一直报时到永恒的机器。我们可以说，现代的钟时观念是费了很长很长时间才演变出来的，而这演变过程实际上就是时间失去神圣性、被世俗化的历史。在村庄里，仍保存着原始意义的钟，会为死亡、结婚、出生、任何具有原型意义的事件发出声响，目的是要告诉大家：某个出自永恒、具有原型意义的事件此时此刻正在发生，因此大家应该放下手边的工作、稍稍默祷、为某位死者或某个正在生小孩的妇人祝福等等。钟声因此唤起了人的注意力。

我们很难用心理学语言来解释这点。我们可以说，钟可把我们内心的声音或讯息传达出来。有时你觉得生活百般无趣或无聊，但这时电话铃声响起，你突然听见自己里面有个声音说："注意，有事情要发生了！"如果不接那电话，你必会错过非常重要的什么事情。你心里的钟发声说："重要事情要发生了！"我认为这就是自性发出的声音或讯息，在那告诉我们："不要错过这件事——它是原型事件！"我们很容易错过原型事件（尤其在忙碌的一天当中），然后要过上好一段时间，直到要上床睡觉的时候，我们才想起来："今天发生了什么事？啊，早上九点钟的时候，那么重要的事情！"可是你已经错过了它。

类似的情况在有人死去的时候也会发生。在某些人生命终止的时刻，钟也常会真实停顿下来，成为某种超自然灵异现象（parapsychological phenomenon）。我父亲的一个挚友是个严谨而不信奇迹的军人，但在他妻子去世的那一刻，他却遇到了奇迹。她的临终卧房里有个大钟；陷入半昏迷状态的她开始想象钟面上有个人脸并对那人脸说话。就在她咽气的那一刻，钟的内部发出一声可怕的巨响，然后钟就停了。几个月后，她丈夫把钟拿到一个表匠那里。表匠问发生了什么事，因为钟内没有一个零件是完整的，好像有人曾拿把榔头把里面的机械全砸烂了。表匠道歉说他无能为力，因为这钟已经无法修复了。对我父亲述说这事时，这位朋友最后拿出烟斗说："我无法给予任何解释，但事情始末就是这样子。"

这类故事很常见。钟的确具有这样神奇的魔法，而许多人跟自己的钟也的确具有如此神奇的关系。我有过几次这样的经验，都跟发生在我身上的原型事件或重要事件有关。在这些事件发生数小时后，我才发现我的手表早在它们发生的那一刻就停顿了。荣格在描述这种现象时认为，那是无限或永恒进入时间之内并打断时间的现象。永恒似乎伸手插入时间所在的平面，然后你就在不及一分钟的中断片刻遇到了原型经验。你经历到荣格所说的"无限"，而你的手表常会对此做出反应。

让我们现在来讨论故事中的那个钟有何意义。钟会把对立的事物结合起来，是"完整"的象征，因为它结合了阳性的钟舌和阴性的钟体——它们的意义就像印度教的男根石柱林伽（lingam）和瑜尼女像（Yoni）。如果说它意指阴阳结合的第一步，可能有点牵强，但我认为这说法还是有其正当性，因此我们还是可以采纳，并可以认为重要事件都发生在永恒的刹那间。我们的钟引人注意的地方是：它解除了皇子的执迷，使后者从勾住他的珠宝块状物或宝石肉块跌落了下来。钟使他重获自由，然后他被带进皇宫里。在倒挂在肉块上的时候，他可说处于一种中邪式的着迷心态，而如今钟驱除了那可怕心态，把动弹不得的他从那负面的生命形态中释放了出来。在释放他时，钟似乎在说："这只是序曲，重要的事正要发生。"他醒了过来，拥有了更多觉知。

他就这样脱离了执迷并掉入他真正属于的地方（或说，他这时必须走进皇宫）。他走进一个房间，里面有一张桌子、一根蜡烛和一张椅子。他想："我要在这里休息一下。"当他坐在床上时，突然间许多没有身体的手出现了，把他一把抓住、打他并扯掉他身上的衣服。他不知道这些手是从哪里出现的，除了手之外也没看到任何人，因此他绝望大喊："啊，上帝，谁在这么使劲打我？"要等到他身上的衣服全被扯掉之后，那些手才停下打他的动作并消失了踪影。然后桌上突然出现了许多食物，一旁还有一叠给他穿上的衣物。吃完食物后，他感觉好多了并忘掉了刚才的挨揍。第二天他走进另一个房间，然后同样的事又重新发生了一遍。第三天出现了一个不同状况：看不见的手打了他两顿。打他的显然是猫的仆人，因为故事提到，猫皇后在第三天命令她的仆人把年轻英雄带到一个处处用纯金打造的大房间里。

我在克利虔·德图阿（Chrétien de Troyes）和罗伯·德波宏（Robert de Boron）分别所写的圣杯传奇中找到与此最类似的母题。两位诗人的作品都提到可怕的床：高文爵士（Sir Gawain）一坐到床上，许多钟就立刻响了起来，然后一头狮子走进来攻击他。高文当然打败了那头狮子，随后一群仕女从宫中走出来感谢他救了她们，他因此成为一个大英雄[1]。我们在别的故事中也见到魔法师的床——它能飞起并把人带到天上或把人带到位于海底的地狱。这些床具有魔法，非常邪恶。

我们必须思索床的象征意义。德国有句谚语说："你怎样铺床，你就会怎样躺在它上面。"意思跟种瓜得瓜是一样的。我们也在床上做爱，或在床上休息和睡觉。对许多人来讲，那是放松身心后胡思乱想、做梦入眠的好所在。那也是"自我意识沉降"（abaissement du niveau mental）[2]而跟无意识、动物本能和身体打交道的地方。

圣杯传奇中的神奇之床当然主要和爱情有关。如果坐在床上的骑士被狮子攻击，那表示他一碰到床就无法控制性欲。他的动物欲望和本能完全掌控了他，使他无法控制那狮子。床是我们的动物生命——出生、死亡、做爱——得以实现其本质的地方，也是我们可以触到动物本能和无意识的所在。床下则是我们永远不想去清扫之处；清洁习惯不好的人，他的床下总会累积一团又一团的尘埃。因此一般来讲，床下就是个人无意识心魔所在之处。我发现人梦中的恶魔往往就住在床下，跟蜥蜴、蜘蛛、老鼠一样。这无疑跟个人的无意识、跟表面下的什么东西有关。只要你一放松，你床下的老鼠就开始搔东搔西，你所有的偏执情结就开始找你麻烦。

上面有根蜡烛的桌子意指人在那种情况中开始见到了一些光明。许多其他童话故事的主角都曾在黑暗中倍受折磨，以便救赎阿尼玛，但我们的故事与它们不同。我们的英雄看到一点光后再次受到戏弄，就像他之前看到肉块和宝石一样。他想要光，就得到了光；但他真正想要的是肉，却没有得到肉。当他亟需满足肉体欲望时，他却再次被给予了某种具有崇高灵性意义的东西。

这种事情在真实生活里也常发生。我想起一个年轻男子的案例。他想谈恋爱，每次都找到虔诚信教、教育程度很高、但惧怕他母亲并捉弄他的女孩。她们跟他出门约会、共进晚餐时都表现得很得体，但一旦他想要有肌肤之亲的时候，她们就拔腿跑掉了。这种事情发生了五次，一共有五个年轻女人。最后我说："你为什么会选这些女人？我的意思是，另一类女人在今天到处都是，你会那么做，是不是有什么你自己不清楚的原因？"

那可怜人当然会觉得无意识正在非常残忍地捉弄他。当我们不了解一个母题的时候，我们必须问：无意识在用这种方式捉弄一个人的时候，它取笑的是这人意识所表现出来的哪种态度？它想补偿什么？我说的这个男人显然充满矛盾，也非常神经质。他鄙视"肉体"；他想要一个"有血有肉的女人"，但又因教养之故鄙视肉体。他的阿尼玛是分裂的，其中一半非常浪漫，使他总被看来乖顺的、性觉未开的女孩所吸引，因为他本人也是一个乖顺的小男孩。

他当然有很急迫的"肉体"需要，但他不认可这些需要。他这种男人在引诱一个女孩上钩后，就会马上看不起对方。许多男人都是如此；在女人身上得逞后，他们马上就想："啊，她只是个臭婊子。"我提到的这个年轻人无法用正确观念来珍惜"肉体"；他要它，却不珍惜它，因为他无法用正确的态度看待它。他依然困在基督教的肉体偏见中。即使男人说"我不要再相信基督教所说的那个理想，我要在床上抱着一个真实的、具体的女人"，那仍然不能解决问题。如果他暗地里还是轻视她的肉体、她的肉体我，他就仍然会困在旧偏见里。为了帮助他克服这种谬误，无意识会不断捉弄他，直到他终能觉悟自己的错误、自己矛盾分裂的行为为止。在那种矛盾分裂中，他既渴望女人，又因这渴望而看不起自己。等到拥有了一个女人，他就开始恨她和怀疑她："她一定是个妓女，她很可能也跟别的男人上床。"他在事后会无止无尽地找理由来憎恨那女人。带着这样矛盾分裂的态度，他自然也会被跟他一样矛盾分裂的女人吸引。他们彼此亦步亦趋，绝不会有半点差迟。

因此，由于出现在我们故事里的分裂态度还没有得到疗愈，"捉弄"的母题就一再发生。皇子被打也是这母题的一部分。故事特别强调他身上的衣服全部被扯下来，致使他一丝不挂。"赤身露体"是个很奇特的母题，但"被打得七荤八素"却很常见，也就是所谓的"三夜折磨"（three torture nights）的母题，而童话故事中必须忍受肉体折磨的都是男人。（女人也会受折磨，但都非肉体折磨。）就我所知，他们受折磨的原因恒与阴性本质的救赎有关。

接受折磨才可以弥补偏重积极行动的男性意识。年轻英雄必须受苦，必须用被动和阴性的态度去承受痛苦，而非骤然采取行动。一个阳刚的男人很难被动地任人折磨或毫不作为地忍受痛苦，因为他的天性会说："对于这，我必须采取行动！我必须突围而出！我要作战！我的敌人在哪？让我跟敌人拼个你死我活！"某些时候，我总必须对男人说："但是，你不能做什么，你只能耐心忍受这个冲突。"但他们总会问："是的，但我难道什么都不能做吗？"我说："你什么都不能做、什么都不能。"对他们来讲，那太难做到了。但那就是男人救赎其阴性面向的方法，也是他们救赎集体阴性本质的方法。

如果一个女人为了某种原因必须救赎她自己的阴性面向，她也必须这么做。她的阿尼姆斯、她的阳性面向在那时会不愿藉受苦来救赎阴性本质，却会一径问："我能做什么？我该怎么做？"荣格有一次竟然说："如果一个女人问我'我能做什么？'，我就知道她已经被阿尼姆斯挟持了，因此我不会回答她。"这话也许说得有点过分，但其中确有一些道理。一个被困在阳刚态度中的女人一定会想采取行动；她想作战、想做些事情，但因此远离了她的阴性本质。是以，如果她必须救赎她的阴性面向，她就应该学会忍受冲突之苦，不要一直想着："我能做什么？我必须做什么？"

这当然对以父权为尊、看重积极行动的西方人生观也具有补偿作用。但这种人生观往往也给分析治疗带来难题。许多人无法了解被动忍耐的意义，以致他们有时会放弃荣格心理分析，转去求助于一个开药丸给他们的精神医师。

如果你问为什么，他们会说："至少他会做点什么！你只告诉我要忍耐痛苦，但我认为我们应该采取行动、做些什么具体的事情！"他们说的当然也有道理，因为所有心理学真理在某种程度上都是半个真理。在许多情况下，我们必须有所行动；但在其他情况下，真正的行动、真正的英勇行为就是忍受痛苦而无所作为。

我们现在来到故事中另一个奇特的母题，也就是打他并扯光他衣服、让他一丝不挂的众手。他后来吃到了食物，也拿到了衣服。衣服代表的是文化熏陶所成的态度，赤身露体则一向意谓赤裸裸的真相。许多未开化社会在举行仪式时会要求参加者不得穿衣服。在古代的神秘启蒙仪式中或在某些浸礼信仰中，人们必须赤身走进水里，然后再赤身从圣水池走出来，其目的就是要去除人从文化、教育等等学习而得的所有态度，使之能够面对真正的自己。从文化取得的任何人生观都必须被倒空一尽，因此我们的主角必须来到一个可以让他得见真我的阶段。在他绝望大喊"谁在这么使劲打我？"时，他事实上问了一个跟他自己密切相关的问题："那是谁？"他一问这问题，众手就立刻停下动作，而他也突然看见食物和新衣服。但这情况只维持了一天，然后整桩事情又重来一遍，他也受到了更多折磨。

这些场景让我们想到典型启蒙仪式中的一个场景。我们虽对古代的启蒙仪式及神秘信仰所知不多，但造访过庞贝古城奥秘庄园（Villa of Mysteries）的人都会发现：古代神秘启蒙仪式的参加者都必须赤身走进仪式，以便承受鞭笞之苦。肉体折磨是启蒙的必要元素，而这在密特拉女神信仰中也很可能如此。基本上，这种肉体折磨就如同我们今天在未开化社会的启蒙仪式中所看到的：年轻男子在身体上会遭到鞭笞或割剐等伤害，但他们必须忍受这些剧痛，往往还必须赤身裸体钻进大型兽皮底下，以便获得新生。

赤裸因此也与重生有关，亦即一个人被强迫回到他出生时的状态。英文中有句话："就跟你出生时一样的赤裸裸。"德国的学生社团也常举行剥光衣服的仪式，学生在仪式中互相扑打，跟男性启蒙仪式非常相似。瑞士男童子军也有类似的非官方仪式。年龄较长的童子军会在夜晚去吓年龄较小的，但并非去打他们，而是强迫他们跳进冷水里。或者，年龄较长的童子军会出其不意跑到寝室中把年龄较小的拖出来，然后把他们丢进冰冷的湖水中。男性的启蒙仪式林林总总；家长永远不会听到这类事情，要不然就是要等到十年后才会赫然听到。这类启蒙仪式似乎都含有跟动物本能有关的原型母题，以致它们总会一再出现在团体生活中——这些团体当然包括学校在内；我们就曾听说过一些假借启蒙之名、偶尔发生于某些学校里的变态事件。

第三天时，我们的主角拿到了他所需要的东西——他终于吃到食物了。他先受百般折磨，然后获得食物。我们稍早时说过他渴望"肉体"、他有"肉体"欲望，而这正是他最初受到捉弄的原因。但他现在吃到食物，因为他已被净化了——很有可能是因为他穿上了新衣服、因而摆脱了轻蔑肉体的父权思想或其他惯性的集体文化思维。我们甚至能体会他现在的经验，就算这经验仅具有象征意义。他所获得的很可能就是他身体真正想要的东西，但其意义可能远远大于口腹之欲的满足。对总有足够食物可吃的人来讲，他们绝对无法理解年轻英雄此刻的某种额外体验。

　　民族学告诉我们，所有未开化社会都认为他们赖以维生的动植物具有神性。对因纽特人或对农人来讲，驯鹿或大麦就是神。我听说过这种信仰，但要直到某一次参加徒步旅行时，我才亲身体会到了这信仰。年轻、身无分文的我在山区徒步行进了好几天，睡在稻草堆里并在冰冷的河中洗澡。为了省钱，我一天只吃一顿。第三天后的一个傍晚，我饿坏了，心情也沮丧到了极点，于是和朋友们一起走进一家客栈并点了一盘意大利面。我随后就昏了过去，完全不省人事。当我恢复知觉时，我觉得浑身暖和而且喜乐无比。我稍一睁开眼睛，便看到其他人都用无法置信的表情望着我大叫："哇！哇！"因为我刚才竟在一无知觉、不省人事的情况下像动物般囫囵吞下了整盘意大利面！此刻的我好像刚从梦中醒过来，感到温暖的食物正滑进我的身体里，同时有一种感觉："我又活过来了；我死了，但我现在又活了！"

对当时的我来讲——至今我也还这么认为——那真的就像仪式中的死亡和重生过程。从那之后，我了解了什么叫饥饿，也了解了领受一位让祂自己被你吃掉、然后使你复活的神是何等的经验。未开化民族无时无刻不濒于饥饿的边缘。在饥饿至极的时候，人会觉得死亡就住在他的骨头里："我再也无法拖着自己四处走动了，我无法步行，我虚弱至极。"然而，就在生命洪流突然间又回到你身上的那一刹那，你察觉了一件事情：有一位神又把生命还给了你！当时我很可以膜拜那盘意大利面，甚至膜拜那位创造出意大利面的大麦之神。如今我已学会膜拜祂了。大麦就是生命，也代表了生命的神秘性，因此我了解为何荣格会说："弗洛伊德说得不对。我不认为人类最强烈的驱力是性欲，饥饿才是。饥饿是头号问题；只有在饥饿获解后，性欲才会出现。"

第三天，皇后——猫女突然被称作了皇后——命令她的猫仆们把年轻英雄带到处处饰金、一切都由纯金打造的谒见厅。十只出现的手为他拿来一件纯金制成的衣袍，并把它披在他身上，然后他看到一百只边弹奏美妙音乐、边歌

　　　　　　公主变成猫：如何激发你的潜意识力量？

唱的猫。被带到至纯黄金打造的王座那里时，他想："不知谁是这里的统治者。"他随后看见面前有只美丽的小猫躺在一个金篮里。猫后尽情款待他。当盛宴在午夜结束后，她从篮子里跳出来并向大家宣布："从今以后，我不再是这皇宫的统治者；这个年轻人将成为你们的主人。"所有的猫都上前亲吻他的手并称他为它们的统治者。从此他成了猫国的皇帝（或国王）。

我们已经讨论过"猫"这个母题，现在我们要先说那金色的圆篮。它就是曼陀罗和自性的象征，因而猫是自性和阿尼玛的结合者。在《心理学与炼金术》一书中，荣格论及一连串梦境，其中的阿尼玛形象拥有光芒四射的头，有如太阳。他说，阿尼玛和自性在那个阶段相互污染(contaminated)、仍然交织为一[3]。如果我们从男性心理的角度来看，猫这个象征结合了总合一切之自性以及最高形式的阿尼玛。但如果我们从女性的角度来看，它指的是：女人的猫面向（也就是阴性本质的猫面向）才是真正可以总合一切的面向。圣母玛利亚并未拥有这篮子，猫才拥有；猫实际上意表了潜在的一统和完整，因此大于并涵盖所有其他事物。

在盛大的飨宴结束后，我们的年轻英雄成为猫国的统治者和主人，并间接——也可说自然而然地——成为猫女的新郎。这是荣格所说的"婚合"（coniunctio）；阴性本质现在为阳性本质腾出了空间。这也显示，阴性本质的黑暗面向或动物面向一点也不仇视阳性本质。我们应该告诉女性主义运动的参与者：当阴性本质（或说猫性）重获自由时，它会用爱与和平的方式去和阳性本质结合起来，而不会去仇视它。象征爱的猫接受了年轻英雄的阳性本质，而身为皇子的后者则代表了即将出现的新阳性意识，因为阴性本质现在接纳并拥抱了他。换句话说，阴性本质和阳性本质之间的重大冲突获得了化解。

荣格有一次说到，就像大多数童话故事一样，大多数小说和电影——除了最近的之外——都有一个完美的结局，原因就在于真实生活全然不是这个样子。在真实生活里，女人和男人总是站在对立冲突的立场上。因此，他们的结合、阴与阳的相爱及和平相处可说是非比寻常的重大成就，所成就的就是个体化和意识的成长。传统社会的婚姻通常与爱情无关，而是出自家人和部族的安排。在希望男女能够相处、希望他们能合作生出后代时，传统社会根本不会考虑到爱情这个因素，只知按照部族规范或禁令把某个女人和某个男人并置在一起。至于男女两人要如何相处，那是他们自己的事。在很大程度上，婚姻与浪漫爱情无关，只要求两个人能够明理、互相容忍就好。这就是许多未开化社会里的男人和女人互不讲话的原因。男人自顾自去打仗、放牛、牧羊、打猎，而女人则坐在家里，看顾幼儿，跟别的女人闲话家常或打扫庭院。男人偶尔会回到家里，休息一下，制造个小孩，然后又离开了。男人和女人几乎讲不上半句话。

非洲有许多年轻男孩与年轻女孩恋爱、但得不到部族认可的童话故事。就像罗密欧和朱丽叶，他们违背了部族禁令，爱上了另一个部族的人。这些故事总以悲剧收场，例如，他们两人淹死在水中，然后在明月高挂的夜晚，人们会看到他们的鬼魂出现在水面上。爱情总和不幸及悲剧联结在一起。这些故事不鼓励男女用深刻的、浪漫的个人情感去彼此相爱，反而认为，想用这种方式活着的人不知天高地厚、不知自己"正在硬闯众神的国度"，因为"只有神祇才能谈恋爱；地上的人必须遵守部族规范，并且无论如何都得忍受自己的丈夫或妻子"。

现代人想在男女之间建立个人爱情关系，可说是个崭新发展。个人爱情关系其实最先出现于中古世纪的宫廷里，但那只能说是初步实验，后来并没有受到社会的认可。所以我们还是可以说：我们现在正艰困地踏在全新土地上，因为诗和宗教规范至今仍认为男女在这全新土地上不可能获得幸福、只会遭遇悲剧。毫无疑问的，男人和女人此时都面对了一个崭新任务。不要忘了，远在妇权运动发生之前，第一个指出并鼓吹这任务的人就是荣格。他说：有史以来，我们今天可说第一次面临一个责任，就是要在阿尼姆斯和阿尼玛互相投射所造成的盲目吸引力以外，为男人和女人建立起真实的两性关系。当然，盲目的吸引力必然会在两性关系建立之初扮演某种角色。没有人能把他（她）的阿尼玛和阿尼姆斯完美整合到一个地步、可以不受盲目吸引力的摆布。但如何能够坚定超越这吸引力、借以进入真实的爱情关系（不管那是什么关系），这可是个大奥秘。我们的故事用两人的相遇指向了这个奥秘。

盛宴结束后，大家都回家了。猫后带着年轻人到她的卧房[4]，拥抱他并问他："亲爱的英雄，你为什么会来到我的皇宫？"他回答："亲爱的猫，上帝把人带领到不同的道路上。我父亲派我寻找一百米长的细亚麻布，细到可让人把空气吹透它，也可让人把它穿过针眼。这就是我上路寻找的东西。"

我们也许曾期望他给的是另一种答案、或更好的一种联结方式，但他此刻还没能够摆脱他那过分阳刚的心性。她用挑逗的口吻问他，他却正经八百地给了她一个答案。我们发现，他在某种程度上仍然依附着他父亲、依附着旧世界；他仍然把他父亲的理想当作自己此行的目的。如我在前面指出的，父亲所想象的理想阿尼玛并非不正确。因此，记住或抱持这幻想的年轻男人也没有错。但他没有发现，他面前的猫就能使那幻想成真；他未能看出猫和那幻想之间的关联性。

故事在此突然跳到别处，跳到了另一个后续场景。等了他一年、最后认为他不会出现的两个哥哥已经回到家里和父亲同住。长子带回一条小狗，让父亲相当开心。次子带回一块可以穿过针眼的亚麻布。然后父亲问他们的弟弟在哪里，可见他仍有遗憾、仍然没有得到他想要的东西。在问起他的小儿子在哪里时，他显然期望会有更好的事情出现在眼前。一个儿子回答说："父亲，自我们分手后，我就再也没有看到他；他很可能选择了一条不归路。"他们都认定他已死了，因此都痛哭了起来。这是另一个提示，让我们知道这个父亲并不是真正的大坏蛋，因为他还算关心自己的儿子。但他很软弱——就像酒鬼一样，他很容易掉眼泪。

最小的弟弟这时仍和猫住在一起。有一天她说："亲爱的，你不想回家吗？你跟你哥哥们约定碰头的日子已经过了。""不，不，我不要回去；我回家能做什么？我在那早就没什么可留恋的东西了，这里是我的家，我要留在这里，直到我死。"猫说："不行，你不可以。如果你想留在这里，你必须先回家，带回你向你父亲允诺的东西。"他问："但我能在哪里找到这种用细线织成的细亚麻布？"猫告诉他那不是问题、她会想办法。英雄问："告诉我，亲爱的猫，跟你相处的三天等于别地方的一年，这是真的吗？""是的，甚至更久；你离家已经九年了。"年轻英雄无法相信自己的耳朵：一年怎会变成了九年？他要怎么回家？他得花九年时间才能回到他父亲那里！他把时间当成了距离，仿佛他必须花九年时间才能走得回去。猫要他把墙上挂着的那条鞭子拿给她，然后她用这条魔鞭召来一辆马车，一举解决了时间和空间的问题。

我们在这里要检视一下两个母题。首先，英雄想留在那里、永远不回家。这代表什么心理意义？且让我们回想一下：这故事的起头有一个皇帝和一个皇后，他们生了一个女儿，女儿变成了猫，猫走入了森林。然后我们看到有三个儿子的皇帝；他最小的儿子走入森林，去到猫那里，并最终和猫留在森林里。森林是新的王国。没有任何事情回归到最初情况，而最初情况也已淡出不见了。因此猫国就是新的王国、新的居留地，代表问题真正得解，无论这是个什么样的解。但如果他没回家就留在那里，那又意谓什么？

整件事情都显得意义不明，但我们可以用两种方式来诠释它。森林里的皇宫似乎告诉我们这皇宫位于集体无意识

　公主变成猫：如何激发你的潜意识力量？

内。因此，如果他们在故事结束时留在那里，那就表示他们真的没入了集体无意识中。但由于他有回家以及其他原因，这说法听来并不怎么正确。因此"回家"可说具有相当重要的意义。大多数童话故事里的主角都会回家，而且往往在回家的路上遭遇无数从未见过的挑战。我们的主角遇见了一个很特别的难题。在其他童话故事里，满心嫉妒的兄弟会攻击主角、夺走他的宝物或假称他们才是宝物的发现者。这类情节十分常见，有时是主角亲吻母亲后就把新娘忘掉了。各式各样的灾难都会在回家的路上发生。

在走进极深之处后，人有必要回到旧世界、也就是意识世界，否则那经历就会像永远走不出没有时间感的无意识梦境一样。人必须把他的新知觉带回日常生活里。举例来说，荣格就在他的自传里提到，在他跟弗洛伊德分道扬镳后，他潜入无意识内并用很长的时间从事积极想象，然后把这些想象记录在他称为《红书》的笔记里[5]。他知道他不能发表这些积极想象，而且至今《红书》都还未出版问世[6]。然而他还是迈出了一步："我要把我的发现告诉全人类，但在告诉别人之前，我必须先找到适当的表达形式。"

荣格之所以会遇到重大挑战，是因为他知道，他不能照着他积极想象的原貌来发表它们。他花很长的时间寻找适当形式、一种载具，希望能藉它把自己的经验表达出来。

要直到他发现炼金术之后，他才终于找到这形式。"炼金术就是一艘可以载运它们的船；我可以将我个人的内心经验倒进炼金术的语言中，因为前人也曾用这语言讨论过相同的问题。那是一种客观的、历史悠久的、集体共与的、与成千上万古籍文字相呼应的形式，因此我可以藉它来帮助其他人参与我的经验。"这应该就是荣格的"带回家"作为。就他自己而言，在圆满结束他的积极想象后，他又饱受煎熬地度过了好多年，因为他不知该如何"把它们带回家"、把它们重新联结到实际生活那里。他在治疗工作上可以自然而然做到这一点，因为他只要对他的病人提起他的经验就好。但他无法出版发表那些经验。他知道，如果照《红书》里赤裸裸的记载发表那些经验，他会被人当成神志不清的神秘主义者、疯子等等。他很清楚那是行不通的。他不能把他在心灵最深处发现的宝藏直接拿去告示还没准备好的世人。在传讲给世人之前，他必须为这宝藏先找到适当形式的载具。

只要你想"带回"什么东西，你必会遇到种种挑战。只要你在心灵深处发现了宝物、经历到自性，你就会觉得似有必要用某种方式把它告诉于人。我不知道原因何在，但你在萨满故事中也会发现这情形。在萨满巫师完成伟大的北极星之旅或冥间之旅而返回时，他必须"为神灵宣谕"

（shamanize）。有一个故事说到一个驯鹿猎人兼有萨满巫师的身份，但他不喜欢帮神灵宣谕。他常偷溜出去猎捕驯鹿，因为这才是他最喜欢的工作。但每一次这么做的时候，他都会生起病来。他最后只好让步，对自己说："不行，我必须为我的族人服务，我必须把我的心灵经验告诉我的族人，我不能再一个人过着逍遥自在的猎鹿人生活。"

我们故事中的皇子也肩负这样的宿命；他注定要去改变当前的世界秩序，因此他有必要把他的经验带回这世界。猫坚持要他回家，并要他把亚麻布带给他的父亲。她对他说，只有在他与他所来自的集体意识世界重建关系后，他才能名正言顺地留在她身旁。

接着我们就听到他们之间一段有趣的对话。英雄问："跟你相处的三天等于别地方的一年，这是真的吗？"猫说："是的，甚至更久；你离家已经九年了。"这是一个绝佳的例证，说明了集体无意识中的时间或空间只具有相对性。荣格在他论共时性的文章里就曾假定或提道：在较深的无意识层次，空间和时间全然失去了绝对性[7]。英雄与猫的这段对话就是一个美丽的例子，可以印证荣格的话。有数以千计的故事都提到，人一旦去到神奇王国或潜入深渊，时间便会变形弯翘起来。它会变得较长或较短，但一般会变得较长。

在著名的故事《瑞普・凡・温克》(*Rip van Winkle*) 中，

瑞普·凡·温克在某个傍晚和几个巨人在山里玩九柱球，下山后却发现自己的村庄消失了，并发现自己已经变成了个虚弱、白发苍苍的老人，也没有人记得他是谁。他认为他只离开了一个下午，但实际上已经离开了一百年。在许多故事中，主角在天堂住了一天后回家，结果再也没有人认识他是谁，他的村庄也不见了，然后有人告诉他："对，对，有个谣传说三百年前有个男人失踪了。"主角听到这话后就立刻解体成了灰烬。在爱尔兰，时间不存在的天堂一般位于仙山上。有人在仙山待了他认为的几小时，或在那里只吃了一顿盛宴，可是他在返家后却发现人事全非、几百年的时间也全成了过往。

为什么我们日常的钟时到了原型领域就不管用了？原因就在于无意识内的时间或空间不具有绝对性。当一个人进入深层无意识后，他有时会做心电感应的梦，能预见未来或梦到过去，或在梦中看到当时远方正在发生的真实事件。童话故事常提到这类不可思议的现象。在我们的故事中，主角并未沦于动物层次，而是进入了位于心灵与动物本能相会、但具有真实灵性的超自然原型领域。

然后猫拿起一条鞭子并朝三个方向挥动它，接着便出现了一辆闪电马车、也就是德国人所说的 Blitzwagen（这是个很有趣的字眼）。后来她又照做一遍时，出现的是一辆火马车（德国人所说的 Feuerwagen）。他们坐上这辆火马车，然后一眨眼就回到了英雄的老家，根本不需要花上九年时间。

我们现在要用扩大对照法来发现猫女的闪电马车或火马车含有什么意义。在希腊神话中，太阳神赫利俄斯（Helios）拥有一辆火马车。他的儿子法厄同（Phaethon）偷了这马车，但由于只有神祇才可以乘坐这马车，他最后被雷电劈中而告身亡。在日耳曼神话中，雷神托尔（Thor，又名Donar）有一辆由两头公山羊拉行的马车。当他坐着马车横越天空时，雷和闪电便会出现。一般来讲，所有神话都说这种马车是神祇专用的交通工具；它们是载运闪电或火的神奇马车或太阳马车。在印度，神祇们常乘着马车绕境于各城镇。因此，马车可说象征了任何可携带神灵的东西。在《神秘结合》一书中，荣格引用了炼金术文献中的一段美丽文字：

> 把一条蛇放在四轮马车里，然后让马车在大地上四处运转，直到它没入海洋的深处……就让四轮马车留在那里，让蛇不断从鼻中喷出热气，直到整片大地……都枯干为止[8]。

马车最重要的特色就是它的四个轮子；它是四轮曼陀罗，可以和以西结在异象中看到的马车相比[9]。由于马车是人造之物，它可说就是人的整体意识结构，跟动物本能并没有太大关系。作为意识结构，马车是为神祇服务的；神祇必须透过人之自我意识这个载具，才能体现或形现。如果人的意识拒让祂们搭载，祂们将无从动弹一丝一毫。神祇之所以乘着马车在人群中绕境，显然具有深刻的目的，是要提醒人们：不知何故被逐出神庙的神如果无法行动，祂就会失去生命力。这就是印度至今还有人会把自己投身到马车底下的原因。那是一种不自觉的姿态，仿佛在说："我牺牲性命，是要为那供养神祇的意识服务。"而其真实意义乃是："我必须放弃自我、牺牲自我，好让神祇能够行动并继续拥有神力。"

你可以在许多宗教中发现这样的认知。人们知道，一个不再被人信仰、不再被人意识到的神可以说已经死亡。一个无人相信、无人用其名义祈祷、无人记挂的神等于不存在。古埃及人总会把他们的神像拿到尼罗河去清洗，给它们涂上乳脂，然后再把它们带回神庙。他们的想法是："如果我们什么也不做，如果我们没采取行动让众神重生，祂们就会在神庙一角腐朽掉、化为虚无。"人的意识于此具有无比重要性，因为我们必须用意识去察觉原型的生命力。如果我们无法意识到心灵深处具有自主生命的种种原型，后果会是：即使这些原型似乎并不存在，它们的毁灭力量实际上已经濒于一触即发的程度。一个不再尊敬、信仰或供养原型的社会之所以会充满各种替代品、各种病态可笑的政治诉求、各种"主义"、各种致瘾药物，其原因就在于此。由于不再受人信仰的神已经失去生命力、已经麻木不遂而无能作为（因为人的意识已不再运载祂们），人心自然而然就会被一切具有毁灭性的事物给霸占住。

绕了好一大圈后，我们现在要回到猫那里。在她挥鞭召唤出火马车或闪电马车的那一刻，她表明了她是女神，而不仅仅是猫。她是女神，是圣母玛利亚的阴影，而不是女人。现在我们可以更加明白肉形宝石所代表的意义。我们的主角想吃肉，但掉入宝石——永恒及神圣之象征——的怀抱中。这意味他有必要去认识肉体的神圣面向。到目前为止一直对肉体持着轻蔑态度的基督徒不能只说："我现在要丢开那些正经八百的偏见，要去享受美妙刺激的性生活。"那无异是一口把肉吞下，毫无意义可言。如果那么做，他将无法离开旧王国一步，反而会继续受困其中，并仅会使这旧王国[10]也被所谓的原罪污染到，却不能为之带来改变。他非得觉悟一件事：肉体和性欲也具有神性并能带来神启。

这就是荣格和弗洛依德意见不一的地方。荣格认同弗洛伊德的一个见解：性欲必须被解放并成为人生重要经验之一，因此人们不应再用礼教潜抑它。但像谭崔教派（Tantra）的信徒一样，荣格也想说：性是一种宗教经验。如果你享受性生活的原因只是"这对我的荷尔蒙很有益，也能使我的肉体感到快乐"，你便全然误解了性的意义，只能算是吃下死肉、腐肉而已。救赎阴性本质与救赎肉体并不是同一件事情。救赎阴性本质指的是救赎肉体的神性和原型面向。我们很难用一般语言把这其中的复杂含意解释得清清楚楚。

这也就是我们在诠释童话故事时，一定要巨细靡遗使用扩大对照法的原因。我们很可能会不经意地说："喔，这个猫故事不过在说基督教对阴性本质和动物性肉体怀有偏见，然后在它颇具当代意义的后半部，我们看到阴性本质的黑暗面向被统合到意识里。"这种说法并非一无是处，但充其量也只能说是似乎正确而已，因为它错失了真正要旨。要正中要旨，我们必须逐一检视细节：为什么肉变成了宝石、为什么猫会拥有通常为神祇所专用的神圣马车等等。唯有在完全正确检视这些细节并使用扩大对照法后，我们才可能真正了解故事背后的意义。否则，我们只是用直觉取得大略印象、取得某种已知事实（即基督教父权思想对阴性本质和肉体本能有所误解）的大要而已。这是无谓和无意义的，因为，如果要发现那问题，我们并不需要借助于童话故事。人人都已知道问题是什么。但这个童话故事的许多奇妙细节却能让我们对问题取得更精辟的见解。

注释

1　Emma Jung & Marie-Louise von Franz, *The Grail Legend*, 2nd ed., trans. Andrea Dykes (Boston: Sigo Press, 1986), 230-231.

2　译注：此为法国心理学先驱 Pierre Janet（1859-1947）的用语，荣格借以阐述创造力萌生或无意识导入人格成长新阶段的时刻。

3　Jung, *Psychology and Alchemy*, 2nd ed., vol. 12, *CW* (Princeton, NJ: Princeton University Press, 1993), § 112. 译按：请参考第五章对 contaminated 一字之拉丁文字源的解释。

4　译注：此处原文是 "The empress of the cats leads the young man to his bedroom"，不同于第二章之原文 "The empress of the cats … led him to her chamber"。由于两句都有 lead（带路）这个动词，后者应较正确，是以在此仍译为 "她的卧房"。

5　C. G. Jung, "Confrontation with the Unconscious", in *Memories, Dreams, Reflections* (New York: Vintage Books, 1989), 194-225. 编按：*Memories, Dreams, Reflections* 已有繁体中译本，书名为《荣格自传：回忆·梦·省思》，1997 年张老师文化出版社出版。

6　原书编注：德文版和英文版的《红书》已经出版问世。英文版请见 C. G. Jung, *The Red Book: Liber Novus*, ed. Sonu Shamdasani, trans. Mark Kyburz, John Peck and Sonu Shamdasani (New York: Norton, 2009)。编按：《红书》（读者版）已有繁体中译本，2016 年心灵工坊文化出版社出版。

7　Jung, "Synchronicity: An Acausal Connecting Principle", in *Structure and Dynamics of the Psyche*, 2nd ed., vol. 8, *CW* (Princeton, NJ: Princeton University Press, 1981), §§ 816 - 997.

8　Jung, *Mysterium Coniunctionis*, vol. 14, *CW*, § 254.

9　见旧约圣经《以西结书》第一章十五至二十五节。

10　译注：根据前后句，旧王国在此指传统基督教教义。

| 第七章 |

返回

猫仍然拥有智慧和神力，然而皇子却有些软弱。他还称不上是完整的男人，而这就是猫仍然可以在他身上施展神力的原因。这也是为什么她要像猫一样狡猾、去安排并挑起父子之战的原因。她要让他成为一个男人，并要迫使他采取坚定的立场来对抗年老的皇帝。她不容许他退却，反迫使他学会有话直说。

在前往英雄老家的路上，猫对他说："拿着这颗坚果，但要等到你父亲向你要亚麻布的时候，你再打开它。"他乘着火马车从天而降，回到他父亲和两个哥哥所在的地方。虽然他很有礼貌地跟他们打招呼，但他们全都吓坏了。然后父亲问他："儿子，你有带回什么东西给我吗？"儿子答说："有。"然后就打开猫给他的那颗坚果。他发现坚果内有粒玉米，而玉米粒内有粒麦子。他看到麦子时大怒起来，因为他认为猫欺骗了他："那猫该下地狱！"就在这时，他突然觉得有猫爪在抓他并看到自己的手上全是血。他挤压麦粒，然后发现里面有一粒野草种子。当他剥开种子时，看啊，一百米长又细又薄的亚麻布从那里延伸了出来！他向父亲献上这亚麻布。

我们在此看到，猫把他父亲想要的东西放在一个很奇异的形式当中。我们最初看到坚果，然后玉米粒，再然后麦子，再然后野草种子，最后才看到亚麻布。继四个形式之后出现的才是象征某种精粹本质的亚麻布。我们现在要用扩大对照法来探讨坚果的意义。

坚果常出现在神话文学里。它们之所以会被人常常提起，是因为它们的壳很硬而且不可食用。人若不知如何敲破那硬壳，就会饿死。但如果成功了，人就会吃到甜美的核仁，其中含有营养非常丰富的脂肪和各种维生素。人也可以把坚果长期保存起来，甚至用来过冬——你可以在秋天采收它们，然后在整个冬天里把它们拿来当作食物。坚果是人类最原始的食物之一。在中古世纪的神话中，坚果被认为是基督或基督教教义的象征，因为它外表很坚硬而且难以破解，但一旦破解了那硬壳，人就会吃到营养而美味的东西。这是中古世纪教父们对坚果做出的诠释。同样的原型意念也适用于所有外硬内甘的事物。我现在暂时不谈这个，因为我要先谈一下玉米粒。

玉米是大地之母生产出来的，因此可与生育力联想在一起。但由于它和太阳一样是金黄色的，它也象征两极合一。它具有太阳的一个特点，但它也是从大地生长出来的，因此，就像大麦一样，它属于大地母亲和生育力。在北美印第安人的神话中，玉米扮演了希腊神话中大麦——大地母亲德墨忒尔的食物——所扮演的角色。我在北美印第安人的文化资料中并没有发现玉米也具有大麦的另一种意义：死亡和复活。圣经曾说："如果那粒麦子不落在土里死了……"[1]，其典故与以卢西斯之神秘启蒙仪式（Eleusinian mysteries）的信仰有关，也就是说死者会回到大地母亲的子宫内，就像麦子被种在泥土里一样。因此圣经那句话指的是复活之事。希腊人会在家中摆置装有蜂蜜和麦子的土瓮。这些土瓮是一种象征性的室内坟场，被用来象征冥间和其中的死者。在一场跟我们瑞士人举行的嘉年华会（Fasnacht）十分相似的庆典中，希腊人会打开这些土瓮，认为：由于冥间的大门已经打开，鬼魂将会回到阳间四处游荡，并会用三天时间和活人打交道。三天之后，人们边用神圣的树枝打扫房子，边对死者说："回到冥间去吧。"然后再度把土瓮阖盖起来。

因此，装有麦子的土瓮实际上就是冥间，装满了正在大地母亲子宫内休息的死者。它们是冥间的象征。死者则被称为 Demetrioi、德墨忒尔女神的子民。大麦比玉米发展出了更为细致的灵性象征意义，但两者基本上具有相同的意义。它们都属于大地母亲，都是人类的基本食物，因此象征了大地的生育力和人类的生命。大麦只是多具备了关乎复活的超自然意义。

我们的主角认为猫欺骗了他。我等一下再来谈这个插曲。在他挤压麦子后，他发现了一粒野草种子。我只能根据主角的愤怒表现来假设：野草种子象征的是所有一无用处、人们会尽一切力气拔除的讨人厌东西。但在打开它后，他随即看到了他所追寻、必须带给父亲的亚麻布。（我们之前已经对亚麻布做过扩大解释。）

我们觉得有些头痛，不知道要如何解释：猫为什么要给他坚果、玉米、大麦、野草、精粹本质之宝物这一系列象征？

在某些方面，坚果跟自性、或自性的某一面向、或统合一切之无意识的某个面向有关。在英文中，一讲到"敲开坚果"（cracking nuts），大家就知道有问题需要解决。"这是颗很难敲开的坚果"(a difficult nut to crack) 则是说问题很棘手而难解，就好比一个人必须使劲压碎或咬碎坚果一样。所有容器都具有阴性意义。我们在这里也许说的是坚果外壳，但整颗坚果则不仅代表阴性本质，更是"完整"的象征，是一个内装营养成分的阴性容器。至于玉米，它既是人类所需的另一种基本食物，也是供养大地母亲的食物。它含有一切跟营养有关的意义。然后我们看到大麦。它是另一种基本食物，但同时具有超越的灵性意义。再然后出现了一个毫无用处的东西——当然，第四者通常都是无用之物，而且似乎都必然如此。最后终于出现了人所追求的精粹宝物。

我认为，这四个步骤可比拟于迈向超越功能之个体化过程的必经阶段。当我们最初接近无意识时，它就像难以敲开的坚果。我们无法看穿它、无法了解我们的梦境。要了解梦境，我们就得紧咬下去，直到它不再抗拒而让我们吃到最核心、最有营养的讯息。这是病人在分析疗程中常有的经历。如果先前接受过其他类型的分析治疗或从未接受过分析治疗，许多严重忧郁症患者或受困于其他问题的人往往会对荣格派分析治疗的方法感到不解。我们问"做过任何梦吗"，然后试想敲解梦中出现的象征，但他们这时会觉得奇怪：这跟他们的婚姻问题或忧郁症有什么关系？要直到他们发现有益生命的讯息会出现于梦中时，他们才会开始了解无意识能够为生命提供养分。他们依约来到诊疗室时感觉非常沮丧，但离开时却觉得好多了、乐观多了，尽管他们仍无法了解个中原因。他们已接触到无意识的滋养成分（其中有坚果和玉米），而这些成分开始把活力灌输到他们的意识中，使之不再感觉那么没有希望。大麦会是下一个步骤。当人开始注意到无意识具有灵启面向，并发现梦不仅可当婚姻、职业和性生活问题的顾问时，他们便已然来到大麦所代表的复活阶段，遇见了大麦的灵性和转化面向。

然后，意义完全相反的野草却突然出现了。最初，事情好像都好转了起来，但现在某种无益之事突然冒了出来。野草当然也是同一系列事物中的一项；在这系列中，有的东西比较可贵，有的则毫无价值。但这没价值的东西必然也会因为没有价值而变得有价值——至少我是这么认为的。从罗马尼亚人的角度来看，野草根本就是无用的东西。但是，无用之物必会成为弥足珍贵的东西。无意识中的这个无用面向是什么？

你最初很难穿透无意识去进入它的核心，但之后你从中吃到了营养——你从无意识所给予的启示获得益处，并因此感觉自己的灵性稍稍复活了起来。你然后遇到无用的面向，这又有什么含意？答案是：你这时要放弃功利的想法，不要只站在意识的立场来利用无意识。你不应在联结无意识时只想获利。当然，这种放弃利益或牺牲利益通常只会发生于分析疗程的较晚阶段，因为每个病人最初都是为了获益——治疗他的精神官能症、为无法解决的问题寻求建议等等——才想学会如何与无意识联结的。但在长期接触无意识后，病人总有一天必须放弃这种想法，不可再把无意识当成提供建议的母亲。如果你总想着"我下不了决心，我必须问无意识怎么说"，无意识这时必会给你一个模棱两可的答案，而你这时就会大表不满地说："无意识没对我说真话，无意识欺骗了我！"

荣格总说：如果一个人接受分析的时间越长（比如超过十年或十五年）并继续接受分析，他的梦会变得越来越复杂难解。举个例来说：许多老同事偶尔会来找我，我觉得很高兴，但也很不乐意见到他们，因为他们带来的梦太复杂了。他们当然自行诠释了较不复杂的梦，也知道复杂的梦具有什么意义，但这些梦显示了非常棘手、非常敏感的问题。在这种情况下，如果我在试图安慰他们时不能正告他们"嗯，你知道，在接受分析这么久之后，你的梦已经变得很复杂，复杂到你再也不能使用它们了"，那可是我办不到的事情。我认为，无意识正在谋算如何让被分析者断奶，要使他们在面对它时能摆脱小孩对母亲（或小孩对父亲）的姿态、不再仅想利用它的建议。它因此把梦变成了密码式的谜语。如果你能参透这些看起来无用的梦境，你会发现：与其说它们和洞见有关，不如说它们和如常度日有关。它们要人单纯活着，而非要人去寻找洞见或领悟。人这时只要单纯活着就好。

关于这，我所知的最好例子来自佛教禅宗。在著名的《十牛图》系列中，在大启示发生后，最后出现的是"顿悟"（satori）图：一个老人拿着行乞的钵碗在市集里走来走去。图颂写着："他遗忘了众神、遗忘了启示、遗忘了一切，但只要他走到任何地方，樱树都会开花。"[2] 这意指他再度变得一无自觉心。另外一位禅师曾经这么说："顿悟后，你大可走进一家客栈，在那喝得酩酊大醉并胡闹一番，然后继续做个平常人，再度忘却顿悟这回事。"这种忘却当然不是退回原点，不是单单回到之前的无意识状态。它仍然代表前进，进入道家所说的无用无为、进入单纯的"存在"。如此，分析治疗的知性面向——追寻洞见和无意识给予的教诲——在相当大的程度上消失不见了。这就是分析治疗所追求的更高目标，也是我所以会认为无意识应该变为无用的原因。比起前面的阶段，这种无用可说是更高的造诣。

在英雄献上亚麻布后，皇帝说：哪个儿子能娶到最美丽的女人，他就能成为皇帝。兄弟们都接受了这要求，而最小的弟弟就乘着火马车和猫回到森林去了。

我在前面暂没有讨论他打开坚果而发怒的那一幕。他看到玉米和大麦后说："可恶的猫欺骗了我。"随后他被无形的爪子抓伤而流血。猫显然隐形在场；她跟他同来，但不具形体。这一点和火马车一起证明了她是神，而非寻常的猫。她跟神一样，具有隐形、无所不在的神能。她是神猫——巴斯特或别的女神具有隐形能力，但寻常的猫没有。

在他们抵达森林时，猫问他："你完成了哪些事？"他把所发生的一切事情告诉她，并说他现在必须找到一个年轻女孩，因为能带回最美丽新娘的儿子将可以成为皇帝。猫仔细聆听，但没有说话。他和猫又同住了一个月，然后有天她说："你不想回家吗？"他回答："喔，我不想回去，我没有回去的理由。"他们逐渐爱上了对方，然后年轻英雄有一天问猫："你为什么是猫？"她答道："现在还不要问我，改时间再问我；我不喜欢生活在这国度里，让我们一起到你父亲那里去吧。"她又拿起鞭子朝三个方向挥动，火马车随之出现，把他们一起载往他的老家。

在这里，使"前进"得以发生的又是猫。年轻男人很满意现状，但她并不如此，因为——如她在说话时提到的——她因自己是猫而倍感不快乐。身为猫的她极为痛苦，而如今她把这痛苦表达了出来。更早之前，她似乎很快乐、完全正常而且对自己身为猫毫不以为意，但现在她说自己不快乐而且不愿住在猫的国度里。在故事首次提到"他们逐渐爱上对方"的时候，便出现了这个情节。她住在森林里，一向显得十分快乐，并接纳了我们的主角而让他成为皇帝和她的主人。他们住在一起，但猫现在突然对现状不满。他们彼此发展出了人类的情爱关系，然而就在这关系开始成为人性的依附之情时，猫开始不快乐起来。以前，猫不知道什么是爱情或不曾遇见过爱情，但如今，英雄和她相爱的事实使她开始渴望成为人。

我们在这看到神祇想要成为肉身的冲动。如果男人的阿尼玛仍然处于鹿、猫或其他动物的状态，她的力量虽会更强大、更神奇，但却会缺乏人性。男人的阿尼玛如果是神猫、神熊或神鹿，我们可说他爱上的是一个想象、一个谜念。这些动物都很令人着迷；凡被视为神圣的任何东西都具有灵启功能，因而都会令人着迷不已。可以说，如果男人过度受到阴性本质的掌控和迷惑，他将无法视女人为人而与她相联结，更无从与她建立真实关系。他仰慕那女人而穷追不舍，就像猎鹿的猛兽，却不知道她也是一个人。这说明了为何原型意象会想摆脱神性、多点人性。她想具有人形，以便与男人建立真实关系。

于是他们第二次回到老皇帝那里。当他们抵达时，皇帝说："你没妻子吗？你还没结婚吗？你的妻子在哪里？"年轻英雄指着金篮里的猫说："她在这里！"皇帝说："天啊，猫可以给你什么？你甚至无法跟它对话！"听到这话时，猫愤怒极了，便从篮中跳了出来，逃进了另一个房间。她在那里翻了个跟斗，重新变成美丽的少女，美得让人宁可注视太阳，也不敢因为注视她而变成瞎子。

如我们之前说过的，皇帝代表传统的基督教意识核心，只知把猫当成动物。冲突就在代表新意识的英雄——因为他已体察自己动物面向中的神性以及动物本能中的神秘灵性——和无从察知动物本能具有神性的皇帝之间擦撞了出来。皇帝是充满偏见的旧意识核心："那只是只猫；你能跟猫对话吗？"

在意大利，如果有人指责他人虐待动物（例如鞭打驴子或一脚把猫踢开），他往往会听到对方回答："它又不是基督徒！"这让我们发现，基督教的某种教义确实会让人生出鄙视动物的心理。这种鄙视之所以会发展出来，是跟人类在更早时期尊奉动物为神有关。基督教认为必须推翻那种尊奉，因为那属于异教信仰。早期基督教教父之所以鄙视动物，并不是因为他们憎恨动物，而是因为他们曾亲眼见过人们膜拜动物的情景，因此他们必须说动物的坏话，但这也使得某种鄙视动物的风气滋生了出来。这一切都起于一种非常强大的禁欲式灵性反动，而反动的对象就是当时正走向腐朽败亡、灵性尽失、无所自觉、只知纵欲的异教文明。在强调灵性并以之为补偿功能时，早期基督教教父却伤害了动物世界以及人类的动物本能。

不知猫具有神性的皇帝也表露出那种鄙视心理。这触怒了猫，促使她变成人。他的嘲弄使她不得不展示自己的能力，因此我们可以说，他的轻蔑之语在带出猫的另一个面向时，也并非全然不可取。在侮辱和轻蔑猫的时候，他迫使她摆脱了猫的形状。"我要让你见识一下！"话才说完，她就变成了人。我们或可说，轻蔑动物神祇的基督教传统或许仍具有某种价值。这传统创造了一种张力，使人性有机会从这张力中以更完整的形式显现出来。猫的跟斗完全颠覆了旧的观点立场；头朝下、脚朝上之后，她就恢复了正常人形。

有一个男人是某神学家的儿子，患有强迫性精神官能症。他父亲用非常、非常严谨的基督教教条教育他，甚至负面压抑他。由于饱受各种偏执意念和精神官能症症状的困扰，他经常无法入睡。于是他为自己发明了一个仪式，用以面对失眠。在祷告、上床和熄灯后，他会先向前翻一个跟斗，然后再向后翻一个跟斗；如果不这么做，他就无法入睡。在庆祝卡尔·迈尔（Carl. A. Meier）六十岁生日的一本文集中，松雅·马雅许（Sonja Marjasch）博士用扩大对照法写了一篇文章讨论翻跟斗这个母题，让我们得知翻跟斗基本上就是颠倒现状[3]。这人的强迫症实际上是要他知道：他必须放弃他现在的观点立场，把它整个倒转过来，然后再转回去。这样他的问题才能迎刃而解。

　　每一种强迫症——无论它的具体形式如何困扰人的生活——都是一个具有象征意义的讯息。如果一个人紧张到必须不断洗手，他真正该做的应是清洗他的心灵，而不是洗手两千遍到脱皮的地步。这个男人的翻跟斗仪式当然十分可笑，甚至显示了他受困扰的程度，但也把他应有的心理作为表达了出来。要能好好生活，他必须全然改变自己的观点和立场两次；他必须对抗父母加诸他身上的严格基督教教养，然后再重新把这教养纳入个人生活中。他必须重新拿回原来的观点立场，但有必要采取不一样的态度，然后才有可能获得医治。遇到强迫症症状时，我们必须问一个

　　　　　　公主变成猫：如何激发你的潜意识力量？

问题：那症状究竟想说什么？

在童话故事里，翻跟斗往往就是一种转化方式。但它也是一种复活仪式，如我们在古埃及人葬仪中所看到的——他们常在国王墓穴的墙壁上画上侏儒翻跟斗的图像（这些侏儒摆出各种体操姿势，但最常见的就是翻跟斗），以襄助国王的复活。复活就是翻跟斗之状：你倒转到下方，然后用新的形式转回向上。这也可能跟母亲子宫内的婴儿在正常出生前会翻个跟斗、让头先钻出来有关，因而我们也可在翻跟斗和出生之间画上等号。大概就是基于这一观察，古埃及人会找来许多小丑和侏儒（很可能就是埃及人抓来的丛林小矮人），要他们在国王葬礼的游行路线上沿途翻跟斗。根据记载，沿途举行这种翻跟斗节目，目的就是要使国王能步步走上重生之路。

猫把这重生仪式或转化仪式上演出来，成为一个美丽的少女。走出房间后，她直接走到年轻英雄的面前并拥抱他。见到这情景的父亲和两个哥哥全愣住了。父亲开始百般殷勤地对儿子说："你的的确确娶到了最美丽的妻子；你必须继承我整个帝国！"但少女无法长保人形；就在年轻英雄对他父亲说"不，父亲，我已经有了一个帝国和皇冠"之际，她又翻了一个跟斗，然后再度变成了猫并回到她的小金篮里。皇帝然后摘下皇冠，把它戴在长子的头上。

年轻英雄带着猫回到他们自己的家，但在路上，由于她未曾长久维持美丽女人的形状而再度变成了猫，他开始指责她。她不能长久维持美丽女人的形状，你认为真正的原因何在？她之所以又变成猫，是因为年轻男子还没为她的转化做出任何贡献。年老皇帝的嘲弄促使她变形了一次，但我们的主角迄今还没做出任何能救赎她的事情，反而只想跟她回到猫国。他可说患了一种毛病：过于倚赖惯性心态（inertia）做事。他指责她没能维持美丽女孩的形状，可是他自己迄今都还没有为这尽过一点心力。如要恒久转化为人，她不能没有他的合作。由于长久以来他早已充满许多疑惑而始终不得其解，现在更是耐性全失，因此她对他说："我回去后会跟你解释为什么我必须是只猫。我受到过诅咒。"于是他们回到森林的家、如常生活下去。

有一天年轻英雄出外打猎去了，猫趁机磨锐了三把匕首。他回来后，他们谈了一会儿，然后猫就假装生起病来。接着——如果我们还记得——她要求他割掉她的头和尾巴。这是最后的转化，因此猫必须用从容的态度来进行这件事情，因而没有在他们回来后马上告诉他该如何救赎她。她细心准备匕首并假装生病，希望英雄会愿意为她的病做点什么。然后她要求他割掉她的头和尾巴。

她为什么要这样慎重行事？我们必须想象英雄的处境，

同时也要记住：身为某种心理学家，猫有必要让他做好心理准备。他甚至连磨利匕首都做不来，因此她必须做好一切准备，以免他有借口拒绝她的要求。如果她直接要求他割掉她的尾巴，他会马上拒绝的。如果她要求他割掉她的头，他更不可能答应，因为他深爱着身为猫的她。因此她确有必要让他做好心理准备。她必须准备好武器，也必须让他为她的病心焦如焚到一个地步、使他愿意不顾一切来完成她所要求的事情。我们在这里看到猫多么聪慧绝顶。但只有在我们探讨割掉猫头和割掉猫尾这两个母题的意义后，我们才能了解这准备过程为什么要这么长。

猫假装生病后，英雄问："亲爱的，你怎么了？"她答说："喔，亲爱的，我生了重病。如果你爱我并愿意帮助我，请割断我的尾巴！它太大太重，我再也没有力气拖着它了。"年轻英雄抗议起来："不，我宁可自己先死，你不可以死！我有药膏可以治疗你。"但由于她更加坚持、再三要求他必须割断她的尾巴，他终于照做了。之后发生了什么事？她变成了一个少女，但只变了一半，因为她臀部以上仍是猫。她要求他割掉她的头时，他同样大加反对。我们现在先谈一下猫的尾巴。

猫和狗——尤其猫——会用尾巴表达它们的情绪。大多数动物的头脸都位于正前方，但它们还有另一个头位于身体后方，那就是它们的尾巴。康拉德·劳伦兹（Konrad Lorenz）写过许多文章讨论动物的"后脸"、它们用来表达情绪的尾巴[4]。猫很神奇，尤其会如此使用它们的尾巴。快乐的时候，它们会竖起尾巴并在尾巴头打个小卷，然后躺下来。被惹恼的时候，它们会拍打一下尾巴，但一旦受够了，它们就会突然发动攻击。人从来就不该被猫抓伤的，因为猫总会先用它的尾巴、用神经质的拍尾动作向人提出警告。我们故事中的猫当然也用她的尾巴表达她的情绪、情感、爱意、攻击性、恼怒和友善。割断她的尾巴具有什么心理意义？

我们在这里有一只神猫阿尼玛、一个女神。为了让她成为人，她的尾巴必须被割断。一般而言，如果说有什么东西变成了人，我们是指它已经可以被整合到人的意识中。如果梦中出现的东西具有人形，你可以对你的病人说：他应该已有能力整合这个意象。但只要梦中出现的东西不具人形，你就不能对他有这种期待，因为他还不具有这样的能力。在整合那意象前，他必须先看见并认出它。阿尼玛必须先变为人，她才能被整合到意识里。如果尾巴表达无意识情感，割断它就意谓：分析它、明辨它、区分它、把它切解为段。只有在男人能自问"现在，那又是怎么一回事？"之后，他才有可能明辨和剖视自己内在的动物情感或冲动情感。举个例来说，有个男人突然不满他的女友；这时，如果他不割断自己的猫尾巴，他必会把这情绪发泄在女友身上。如果他能克制不满，并用人的身份自问"我为什么会这么不满？我为什么会有这种感觉？"，他就是在割断尾巴、切开自己的不满并剖析它。"为什么她一做什么事情，我就马上恼怒起来？"借着这样的自问，男人才能够分析他的阿尼玛尾巴，让他明白为何他的阿尼玛会突然猛拍起地板来、为何他会觉得那般火大。

在这种不满情绪的背后，通常存在着相当深层而且复杂的问题。男人如想捕捉自己的阿尼玛并开始整合它，最好的方式就是质问那些自动出现的情绪，比如："为什么我今天一起床就发脾气？"你一醒来就心情欠佳，而且早餐也已经冷掉了，这时你可以对任何人咆哮，但如果你开始分析"为什么我一醒来就这个样子？这有什么原因？它真正显示的是什么问题？"，你才有可能察觉自己内心正在发生什么事情。

现在我们的猫女神在臀部以下已经变成了人，但在那以上，她仍然是猫。她现在看起来跟图像中的巴斯特女神很像，不再像动物，反而像女神。因此，尾巴显然跟女神面向无关，但与动物面向有关。它代表了所有的肉体反应、动物的本能反应。尾巴在身体后端、在她的动物端上，而头则在她的神性端上。我们的主角必须先割断尾巴这个端点；也就是说，他必须先分析自己的肉体和情感反应——这些当然也包括了他的性欲反应。他必须分析所有关乎他动物天性的事情。当他的阿尼玛用各种不同方式摇尾巴时，他必须有能力去分析正在发生的事，好让她能成为人。

这故事令人好奇的一点是：猫是从下往上变成人的。我从来没见过这样的母题。猫没有从上往下变为人，而是从她的尾巴。这在告诉我们：如果男人想让他的阿尼玛猫进入意识中，他必须从尾巴——也就是他的动物反应——那里开始做起。动物反应指的不仅是性欲，还包括了其他所有的肉体本能反应，如攻击性、性幻想、恼怒、着迷等等一切出自肉体的东西。它也包括性交时的感官反应和情绪反应。男人必须用这种分析方式去察知自己的阿尼玛以及所有因她而生的幻想。但她此时仍只是半个人。她失去了动物特性，如今看来很像埃及图像中猫头人身的巴斯特女神。

我们的猫女神这时又提出了要求，要英雄割掉她的头、好让她完全变成人。这又具有什么心理意义？

我们在投射想象中认定：智力、视觉、洞见、知觉全都位于我们的头部。但如果运用在动物身上，这种想法就不怎么切合科学，因为动物的头只聚集了它们的嗅觉、视觉、听觉和环境意识。我们与动物不同，不是用看及嗅对方臀

公主变成猫：如何激发你的潜意识力量？

部的方式、却是用注视对方脸孔的方式来彼此打交道。我们一般会借直视对方的眼睛或表情，来和人类及动物建立心灵关系。那么，现在英雄必须割下猫的头脸，这代表什么意义？

这充满了极神秘的意义。我们的动物面向具有神性，也带有动物本能。割断尾巴时，男人察觉到了自己的动物本能面向。但他还必须察觉会思考的猫也有神性面向。我们暂且不谈寻常的猫会在它们的脑袋中想些什么事情。让我们先来谈一谈：我们把什么东西投射到了神猫或巴斯特的头上？巴斯特会思考吗？请记住我们先前在讨论巴斯特时说过，她总是想着庆典、生育力崇拜、音乐和魔法。魔法非常重要，因为它是一种灵性作为。巴斯特想到的是欢愉、欢愉驱力（the pleasure principle）、村民同享圣餐等等事情，而这一切构成巴斯特灵性思考的内容。你或许可以这样总结说：巴斯特的头装载了生命的魔法。

对男人来说，正面阿尼玛就是生命的魔法。这就是为什么一个与阿尼玛失去接触的男人会那般枯燥无味、偏重智性、缺乏生命力的原因。我有时甚至会把阿尼玛定义为生命力的激发者。任何能激发或强烈吸引男人的东西都出自正面阿尼玛。这就是为什么一个跟阿尼玛只有负面关系的男人会感觉沮丧、无法在任何事情上找到乐趣、只知一迳批判所有事情的原因。我们都认识些一到餐桌上就批评妻子的男人，不是嫌汤不够咸，就是嫌肉煮得太老，然后自顾自看起报纸来。那就是负面阿尼玛在作祟；这些男人跟自己的猫失去了接触。

因此我们可以说：正面阿尼玛、女神巴斯特阿尼玛就是生命力的激发者和生命的魔法。要使阿尼玛成为完整的人，男人还必须割断、分析她的头，因为如果不这么做，他就会把那些正面性质投射到女人身上，总期望女人来激发他的生命力、成为他生命中的魔法师，而这都起因于他失去了阿尼玛，以致没有能力自行这么做。因此我们看到许多男人都依赖温暖的、和善的、美丽的女人；只有在受到这种女人的照顾时，他们才会觉得快乐。这样的女人一走开、去做别的事或得了流行性感冒，男人便立刻跌进黑洞里，只因为他们对那被投射出去的阿尼玛怀着婴儿般的依赖心理。要使他们的阿尼玛人性化，他们就必须不再寄望从配偶身上找到生命魔法，却必须寄望自己并且明白：生命魔法乃是他们自己心内之阿尼玛的神圣面向。他们必须知道自己心内的阿尼玛并不同于他们投射到女人身上的阿尼玛幻想，这样他们才能摆脱非人阿尼玛或超人阿尼玛的挟制，也才能跟真实的女人相处。借着割头割尾，他可以说同时割断了阿尼玛幻想的非人与超人面向。他使阿尼玛变成了人，然后他才能把自己的种种感觉统整起来，继而才可能在他与配偶的相处中表达这些感觉。

英雄拿起第二把匕首割断猫的头之后，一个美丽的少女随即出现在他眼前。宫中所有的猫都恢复了人形，而整座城也恢复了当年的原貌。大家都向皇后欢呼，而我们的主角也幸福洋溢地把这美丽少女拥入怀中并亲吻她。她对他说："从此你就是我的丈夫了。我之前一直活在上帝之母的诅咒下，除非我能遇到一个愿意把我的头割下来的皇子。你就是他，现在我们一起到你父亲那里去吧。但你要提防你的哥哥们，因为他们想要杀你。"于是他们回到他父亲那里。

这很奇怪：既然他的哥哥们想杀害他，他们为什么要回去？他父亲喜出望外地出门迎接他们并爱上了他美丽的媳妇。为了霸占这少女，他想杀死自己的儿子，于是对儿子说："你去打猎吧，我想吃鹿肉。"在儿子出发后，皇帝便往猫女的房间走去，但路上有一只猫从他面前穿越而过。他要求媳妇爱他的时候，她伸手打他耳光并大喊："你想做什么？你这老色魔！"她在丈夫回来后把他父亲所做的事情告诉他，并说："我们必须立刻离开这里，我们回家吧。"

这猫显然还没有失去她的神力和魔法，因为她能预知未来的危险。在老头攻击她后，她说："我们必须立刻离开这里！"可见她还拥有正确的动物本能和神奇的知能，知道该怎么做。但她也显然言行不一：她明知有危险、明知必须小心，还是不顾一切去到老人的皇宫。虽然她确知老皇帝会性侵她，她还是让她的丈夫出门打猎去。我们要如何解释这样怪异的行为？

我的感觉是：她想挑战过时的体制，以便为推翻这体制找到合法性。如果他们最后只在已获救赎的森林皇宫内快乐地度过余生，老皇帝将会仍旧和他两个儿子统治着他们的王国。当然，按照故事的实际发展，老皇帝最终遭到了挫败。我们可以说，她的做法很合乎我们常在猫身上看到的一种习性。一旦有什么事情挑起她的斗志时，她会一边告诫自己"那很危险"，一边却硬要挑衅一番，甚至大打一架才甘心。这大概也就是她掌握老皇帝的原因。然而，老皇帝想霸占自己的媳妇，这又是什么意思？

我们可以在别处找到类似的情节，但那些都不如我们的故事具有戏剧性。格林童话中的《忠实和不忠实的费尔南德》（*Ferdinand the Faithful and Ferdinand the Unfaithful*）也说到国王派主角去为他寻找一个美丽的公主 [5]。当主角把美丽的公主带回王宫并乐于把她交给国王时，公主说："不行，我不要和那位老先生结婚；我要和征服我的那个男人结婚。"她后来用魔法杀掉国王，然后嫁给了主角。在这故

公主变成猫：如何激发你的潜意识力量？ ⊦

事中，我们也看到老国王——他想拥有阿尼玛、美丽的女人——和主角之间的竞争。但这竞争并不太激烈，因为主角毕竟曾为国王带回那个美丽的女人。我们故事中的猫女却是儿子的合法妻子，而皇帝竟想跳进来把她占为己有。

老皇帝是指陈腐的基督教意识形态。年迈的意识形态想拥有刚刚才获得救赎的阴性本质，这立刻让我们想起两个好色长老想占有苏珊娜的故事[6]（许多文学和艺术作品都曾以这个故事为主题）。在真实生活里，我们随处都可以看到这类故事。但在象征层次上，这是指新酒装在旧瓶里。皇帝象征旧的意识中心，想要整合或利用来自另一个领域的新生命。他想要同化它，即使杀掉它也在所不惜。如果猫女愿意嫁给这老人，可怜的她在一年之内就一定会变成不快乐的黄脸婆。

我们常看到衣着像嬉皮的五六十岁中老年人四处流浪嗑药，尽做着十九世纪六七十年代所风行的事情，让人直感觉他们就是那些用幼稚方式践行新式想法的年迈国王。我只能用"可笑"两个字来形容他们。另有些情况则出自可议的动机。由于无法吸引会众，一些言语乏味的神学家有时会邀请我去演讲荣格心理学，希望借此能把会众吸引回来、重新填满教堂的座位。但一旦教堂客满了，他们就把我推到一旁，开始攻击荣格心理学，并重新传讲老套冗长的道理。他们一字不改地照旧宣扬过去所宣扬的东西，却想把新生命填入他们早已失去生命的神庙里。没有一只猫能容忍这种事情的。

有个年老的神学教授曾找过荣格，要求荣格跟他私下谈一谈。荣格接待了他，但神学家说："来，现在请你告诉我：女人都很仰慕你，你的诀窍是什么？我很想听一听。"荣格说："知识和勤奋工作就是我的诀窍。再见，教授！"但那人并不死心，始终认为荣格一定有什么诀窍。他于是邀请了几个漂亮的女学生到他的研究室，然后不是半敞着他的长裤、就是赤着双脚，心里想："这大概就是诀窍了！"这就是老皇帝的行径。

皇帝先是想霸占猫女，但她大加抵抗，因此他把夫妻俩都关到牢里。他们逃出后组成大军向父亲宣战。我们知道所有的猫现在都变成了人，但他们仍然被称为猫，很可能是要让人知道这支大军的成员原本就是猫。儿子战胜了并摧毁了父亲的军队，只有父亲一人幸存下来。惨败而筋疲力尽的父亲对儿子说："请原谅我，亲爱的儿子！我一辈子都没做过坏事，请公正审判我，然后你可以公正地统治我的帝国。"随后，在故事尾出现了"我从哪里来？我已经告诉过你们"这样的话。这是说故事者的"退场仪式"，不再与故事有关。

猫仍然拥有智慧和神力，然而皇子却有些软弱。他还称不上是完整的男人，而这就是猫仍然可以在他身上施展神力的原因。这也是为什么她要像猫一样狡猾、去安排并挑起父子之战的原因。她要让他成为一个男人，并要迫使他采取坚定的立场来对抗年老的皇帝。她不容许他退却，反迫使他学会有话直说。她的所为跟我的想法不谋而合：新事物不应平平顺顺地被注入旧习性里。某些新事物需要人诚实承认它们的确具有新意，并愿意为它们挺身而出；否则新能量必会丧失殆尽。

我有一次去探访一群年老的亲戚，然后在那个晚上梦见巨大灾难。之前在清醒有意识时，我曾认为他们全是可怕的老怪物而暗自嘲笑他们，然后我就回家了。但那还不够，因为我的无意识说："不行，这实在很危险。"荣格也认为如此。他说："是的，如果一个人不持续向前走，过去就会把他卷吸回去。过去就像巨大的龙卷风，不断想把一个人吸回去；如果不前进，你就只会倒退。你必须拿着新火炬不断向前走。不仅历史需要如此，你自己的生命也需要如此。只要你一满心哀愁地（或满怀轻蔑地）回顾过去，过去就会再度掌握你，因为它力大无比。"因此，打败老皇帝指的就是：用决心和不为所动的心志坚定持守新而不同的事物。

荣格心理学也应该如此。我的一些同事对我大表不满，因为我反对大家从荣格这里挖点东西、再从别处挖点东西、把它们混成鸡尾酒、然后把荣格心理学再度稀释成毫无新意的十九世纪哲学。我个人深信荣格心理学是惊天动地的新创见，但许多人却宁可把它重新吸收到旧思想体系，然后说："喔，那只不过是……那和那！"荣格心理学当然有历史渊源，不是从天上掉下来的，而且荣格必定受到许多历史先人的影响。但他用以检视无意识的方法、他与无意识共处的实际做法以及他用来说明无意识的方式都全然不同于任何学派。荣格心理学是崭新之事，不容人把它稀释成过去事物的一部分。

但任何新事物都可能遭遇这种事情。早期基督徒就曾遇到相同的问题：一些异教神秘信仰很快就出声说："喔，耶稣基督——他不就是俄耳甫斯（Orpheus）和狄俄尼索斯（Dionysus）吗？"在一个被挖掘出来的神秘教派石窟里，考古学家曾在地上发现一片嵌瓷，上面画有葡萄并刻着"耶稣狄俄尼索斯"的文字。人们总会受到极其强大之心理驱力的影响，习惯把全新之事和过去接合起来、把新讯息译转为旧讯息，却不愿意倒过来为之。如果新讯息和旧讯息非常相似，大家一定会问：要如何译转新讯息？因此早期基督教的教父们必须不断强调："虽然基督和狄俄尼索斯、俄耳甫斯等等很相似，但他不同；他是新来者，是另一种生命之道。他不是已知之神的另一个版本。"这一认知十分重要，否则新事物所具有的生命力就会再度消失、再度变成乏力无趣的旧事物。老皇帝一向就想用这种方式来对付新生命的可能性。

个人生命也会如此倒退。离乡者在重返故里时会经历到这种倒退；重回老工作岗位或老环境的人也会经历到。"过去"追赶上来并逮住他们，然后由于不够坚定和缺乏胆量，许多人从此就困在那里。人在某些情况下有必要和过去切割并对自己说："那已结束了、已成过去了！"在我自己的生命里，让我最感痛苦的一件事情是：在费了一段时间从荣格那里接受心理分析后，我开始觉得自己跟许多朋友——他们只是玩乐同伴，并不能算是我真正的好友——格格不入起来。我突然间发现他们无趣透了、我已经超越他们了、我无法再和他们沟通了。他们只想继续用一向肤浅的态度生活，但如果我硬着心肠摆脱过去，我必然会显得极端冷酷无情。在某些情况里，我真的感到十分左右为难、不知如何是好。有些老友当然是我真正的朋友，因此我毫无迟疑地继续和他们做朋友。但另有许多是我以前跟着一起做老掉牙蠢事的朋友；如今我们的友谊已经失去了活力。

这个童话故事让我们发现：猫就是老皇帝所渴望而派儿子们去寻找的亚麻布。旧生命在其无意识中或在其某种想象中察觉到自己欠缺了什么。然后，当欠缺的东西出现时，旧生命就想占它为己有，尽管双方之间差隔了一代之远。遇到这种情况时，我们必须不理睬老皇帝、不理睬过去，因为基督说过："就让死者埋葬死者吧。"[7]

注释

1 　新约《约翰福音》第十二章第二十四节："我实实在在告诉你们，一粒麦子若不落在地里死了，仍旧是一粒；若是死了，就结出许多子粒来。"（繁体中文和合本圣经）

2 　J. Marvin Spiegelman and Mikusen Mijuki, *Buddhism and Jungian Psychology* (Phoenix, AZ: Falcon Press, 1985), 113. 另见 Marie-Louise von Franz, *Alchemy: An Introduction to the Symbolism and the Psychology* (Toronto: Inner City Books, 1980), 160. 译按：原中文图颂为"露胸跣足入廛来，抹土涂灰笑满腮，不用神仙真秘诀，直教枯木放花开。"

3 　Sonja Marjasch, "Der Purzelbaum", in *Spectrum Psychologiae* (Zurich: Rascher, 1965), 91-96.

4 　Konrad Z. Lorenz, *Man Meets Dog*, trans. Marjorie Kerr Wilson (London: Methuen, 1954).

5 　Grimm and Grimm, *Grimm's Fairy Tales*, 566-570.

6 　译注：见天主教圣经《达尼尔书》第十三章。新教圣经并未记载此一故事。

7 　新约《路加福音》第九章第六十节。

延伸阅读

- 《公主走进黑森林：荣格取向的童话分析》（2017），吕旭亚，心灵工坊。

- 《积极想象：与无意识对话，活得更自在》（2017），玛塔·提巴迪，心灵工坊。

- 《与狼同奔的女人》（25周年纪念增订版）（2017），克莱丽莎·平蔻拉·埃思戴丝，心灵工坊。

- 《附身：荣格的比较心灵解剖学》（2017），奎格·史蒂芬森，心灵工坊。

- 《解读童话：从荣格观点探索童话世界》（2016），玛丽－路薏丝·冯·法兰兹，心灵工坊。

- 《孩子与恶：看见孩子使坏背后的讯息》（2016），河合隼雄，心灵工坊。

- 《故事里的不可思议：体验儿童文学的神奇魔力》（2016），河合隼雄，心灵工坊。

- 《荣格心理治疗》（2011），玛丽－路薏丝·冯·法兰兹，心灵工坊。

- 《转化之旅：自性的追寻》（2012），莫瑞·史丹，心灵工坊。

- 《荣格解梦书：梦的理论与解析》（2006），詹姆斯·霍尔博士，心灵工坊。

- 《童话心理学：从荣格心理学看格林童话里的真实人性》（2017），河合隼雄，远流。

- 《童话的魅力：我们为什么爱上童话？从〈小红帽〉到〈美女与野兽〉，第一本以精神分析探索童话的经典研究》（2017），布鲁诺·贝特罕，漫游者文化。

- 《神话的力量》（2015），乔瑟夫·坎伯，立绪。

- 《希腊罗马神话：永恒的诸神、英雄、爱情与冒险故事》（2015），伊迪丝·汉弥敦，漫游者文化。

- 《丘比德与赛姬：阴性心灵的发展》（修订版）（2014），艾瑞旭·诺伊曼，独立作家。

- 《用故事改变世界：文化脉络与故事原型》（2014），邱于芸，远流。

- 《荣格自传：回忆·梦·省思》（2014），卡尔·荣格，张老师文化。